水利水电工程建设与堤坝管理

侯亚洲　崔景涛　苏海玲　主编

辽宁科学技术出版社

·沈阳·

图书在版编目（CIP）数据

水利水电工程建设与堤坝管理 / 侯亚洲，崔景涛，苏海玲主编. — 沈阳：辽宁科学技术出版社，2023.12
ISBN978-7-5591-3404-2

Ⅰ.①水… Ⅱ.①侯… ②崔… ③苏… Ⅲ.①水利水电工程—工程管理 Ⅳ.①TV

中国国家版本馆 CIP 数据核字（2024）第 022190 号

出版发行：辽宁科学技术出版社
（地址：沈阳市和平区十一纬路 25 号 邮编：110003）
印 刷 者：辽宁鼎籍数码科技有限公司
经 销 者：各地新华书店
幅面尺寸：170mm×240mm
印 张：10.625
字 数：200千字
出版时间：2023 年 12 月第 1 版
印刷时间：2023 年 12 月第 1 次印刷
责任编辑：孙 东 康 倩
责任校对：何 萍 王玉宝

书 号：ISBN 978-7-5591-3404-2
定 价：68.00元

前　言

　　水利水电工程建设是在总结国内外水利水电工程建设经验的基础上，从施工技术、施工机械、施工组织与管理三个层面来研究水利水电工程建设的基本规律。水利水电工程建设大致分为勘测、规划、设计和施工四个阶段，各个阶段既有分工，又有联系。

　　施工以规划、设计的成果为依据，起到将规划和设计方案转化为工程实体的作用。在施工过程中，按照工程招标投标文件的技术要求及相关技术文件要求，既要实现规划设计的意图，又要根据施工条件和工程规范，综合运用与水利水电工程建设有关的技术和科学管理组织，使工程得以优质、高效、低成本地建成和投产。

　　橡胶坝是20世纪50年代出现的一种新型的低水头挡水建筑物，被广泛用于水利灌溉、水力发电、城市环境美化等领域。我国橡胶坝建设已有60多年的历史，在橡胶坝技术研究、工程建设和运行管理等方面，基本上达到了世界先进水平，在坝袋结构和坝袋锚固等方面还有创新之处。

　　本书首先介绍了水利水电工程管理方面的基本知识；然后详细阐述了水利工程中的水闸管理、橡胶坝管理、水利工程治理的技术手段等，以适应当前水利水电工程建设与堤坝管理的发展。本书突出了基本概念与基本原理，在写作时尝试多方面知识的融会贯通，注重知识层次递进，同时注重理论与实践的结合。希望可以为广大读者提供借鉴和帮助。

　　由于水利水电工程建设内容广泛，具有较强的综合性和应用性，加之作者水平有限，时间仓促，书中缺点错误和不妥之处在所难免，敬请读者批评指正，以便今后进一步修改，使之日臻完善。

目　录

第一章　水利水电工程项目组织管理

第一节　水利水电工程项目组织设计

工程项目组织通常指工程项目组织管理模式、组织结构，工程项目组织管理模式常指工程项目组织实施的模式，反映了工程项目建设参与方之间的生产关系，包括有关各方之间的经济法律关系和工作（或协作）关系。工程组织结构常指工程项目参与方为实施工程项目按一定领导体制、部门设置、层次划分、职责分工、规章制度和信息系统等构成的有机整体。工程项目组织是为完成一次性、独特性的任务设立的，是一种临时性的组织，项目结束以后项目组织的生命就终结了。

一、项目组织设计概述

项目组织设计是一项复杂的工作，因为影响因素多、变化快导致项目组织设计的难度大，所以在进行项目组织设计工作的过程中，应从多方面进行考虑。

（1）从项目环境的层次来分析，项目组织设计必须考虑有一些与项目利益相关者的关系是项目经理所不能改变的，如贷款协议、合资协议等。对于设计单位、咨询单位和施工单位等委托的项目实施单位，项目经理必须有能力对它们进行控制和协调，进行界面管理；对项目管理来说，重要的是项目中组织和管理关系。

（2）从项目管理组织的层次来分析，对于成功的项目管理来说，以下三点是至关重要的：①项目经理的授权和定位问题，即项目经理在企业组织中的地位和被授予的权力如何；②项目经理和其他控制项目资源的职能经理之间良好的工作关系；③一些职能部门的人员，如果也为项目服务，那么既要纵向地向职能经理汇报，同时也要横向地向各项目经理汇报。

（3）从项目管理协调的层次来分析，在项目组织设计中，项目实施组织设计主要立足于项目的目标和项目实施的特点。

二、项目组织设计依据

（一）项目组织的目标

项目组织是为达到项目目标而有意设计的系统，项目组织的目标实际上就是要实现项目的目标，即投资、进度和质量。为了形成一个科学合理的项目组织设计，应尽量使项目组织目标贴合项目目标。

（二）项目分解结构

项目分解结构是为了将项目分解成可以管理和控制的工作单元，从而能够更为容易、也更为准确地确定这些单元的成本和进度，同时明确定义其质量的要求。更进一步讲，每一个工作单元都是项目的具体目标"任务"，它包括五个方面的要素：

（1）工作任务的过程或内容。

（2）工作任务的承担者。

（3）工作的对象。

（4）完成工作任务所需的时间。

（5）完成工作任务所需的资源。

三、项目组织设计原则

通过对每个组织的使命、目标、资源条件和所处环境不同的特点进行分析，结合一个组织的工作部门的等级、管理层次和管理幅度设计，根据各个工作部门之间内在的关系的不同，构建适合该工程项目组织。具体应遵循以下原则：

（一）目的性原则

工程项目组织设置的根本目的是产生高效的组织功能，实现工程项目管理总目标。从这一根本目标出发，就要求因目标而设定工作任务，因工作任务设定工作岗位，按编制设定岗位人员，以职责定制度和授予权力，使工程项目的总目标细分到岗位人员身上，实现项目目标与个人目标的统一。

（二）专业化分工原则

项目组织是企业（如承包人、设计单位、监理单位）组织的有机组成部分，项目组织设计要在可能的范围内，由各单位人员担任单一或专业分工的业务活动，以加强企业面对多变竞争环境的适应能力。工程项目组织设计时，还要以能实现建设项目所要求的工作任务为原则，尽量简化机构，做到高效精干。

（三）管理跨度原则

管理跨度是指一个主管直接管理下属人员的数量，受单位主管直接有效地指挥、监督部署的能力限制。跨度大，管理人员的接触关系增多，处理人与人之间关系的数量随之增大。最适当的管理跨度设计并无一定的法则，一般是 3～15 人。高阶层管理跨距是 3～6 人；中阶层管理跨距是 5～9 人；低阶层管理跨距是 7～15 人。

设定管理跨度时，主要考虑的要素有人员素质、沟通渠道、职务内容、幕僚运用、追踪控制、组织文化、所辖地域等。跨度太大时，领导者和下属接触频率会太高，因此，在组织机构设计时，必须强调跨度适当。跨度的大小又和分层多少有关。一般来说，管理层次增多，跨度会小；反之，层次少，跨度会大。这就要根据领导者的能力和建设项目规模大小、复杂程度等因素去综合考虑。

（四）弹性流动原则

工程项目的单一性、流动性、阶段性是其生产活动的主要特点，这些特点必然会导致生产对象在数量、质量和地点上有所不同，带来资源配置上品种和数量的变化。这就强烈需要管理工作人员及其工作和管理组织机构随之进行相应调整，以使组织机构适应生产的变化，即要求按弹性和流动的原则进行项目组织设计。

（五）统一指挥原则

工程项目是一个开放的系统，由许多子系统组成，各子系统间存在着大量的接合部。这就要求项目组织也必须是一个完整的组织机构系统，应科学合理地分层和设置部门，以便形成互相制约、互相联系的有机整体，防止结合部位上职能分工、权限划分和信息沟通等方面的相互矛盾或重叠。

四、项目组织设计的内容

在项目系统中，最为重要的就是所有项目有关方和他们为实现项目目标所进行的活动。因此，项目组织设计的主要内容就包括项目系统内的组织结构和工作流程的设计。

（一）组织结构设计

项目的组织结构主要是指项目是如何组成的，项目各组成部分之间由于其内在的技术或组织联系而构成一个项目系统。影响组织结构的因素很多，其内部和外部的各种变化因素发生变化，会引起组织结构形式的变化，但是主要还是取决于生产力的水平和技术的进步。组织结构的设置还受组织规模的影响，组织规模越大、专业化程度越高，分权程度也越高。组织所采取的战略不同，组织结构的模式也会不同，组织战略的改变必然会导致组织结构模式的改变。组织结构还会受到组织环境等因素的影响。

（二）组织分工设计

组织规划是指根据项目的目标和任务，确定相应的组织结构，以及如何划分和确定这些部门，这些部门又如何有机地相互联系和相互协调，共同为实现项目目标而各司其职又相互协作。组织分工包括对工作管理任务分工和管理职能分工。

管理职能分工是通过对管理者管理任务的划分，明确其管理过程中的责权意识，有利于形成高效精干的组织机构。管理任务分工是项目组织设计文件的一个重要组成部分，在进行管理任务分工前，应结合项目的特点，对项目实施的各阶段费用控制、进度控制、质量控制、信息管理和组织协调等管理任务进行分解，以充分掌握项目各部分细节信息，同时有利于在项目进展过程中的结构调整。因为管理任务分解可以将整个项目划分成可以进行管理的较小部分，同时确定工作内容和工作流程；自上而下地将总体目标划分成一些具体的任务，划分不同单元的相应职责，由不同的组织单元来完成，并将工作与组织结构相联系，形成责任矩阵；针对较小单元，进一步对时间、资金和资源等做出估计；为计划、预算、进度安排和成本控制提供共同的基础结构。

（三）组织流程设计

组织流程主要包括管理工作流程、信息流程和物质流程。管理工作流程主要是指对一些具体的工作如设计工作、施工作业等的管理流程。信息流程是指组织信息在组织内部传递的过程。信息流程的设计，就是将项目系统内各工作单元和组织单元的信息渠道内部流动着的各种业务信息、目标信息和逻辑关系等作为对象，确定在项目组织内的信息流动的方向，交流渠道的组成和信息流动的层次。在进行组织流程设计的过程中，应明确设计重点，并且要附有流程图。流程图应按需要逐层细化，如投资控制流程可按建设程序细化为初步设计阶段投资控制流程图和施工阶段投资控制流程图等。按照不同的参建方，他们各自的组织流程也不同。

第二节 业主方组织管理

一、鲁布革工程管理局

作为对鲁布革水电站工程项目贷款的先决条件之一，世界银行要求中国政府必须建立一个项目管理机构来统一管理鲁布革水电站工程的建设，并特别强调国内施工单位中国水利水电第十四工程局的施工活动也必须纳入该机构的监督之下。水电部决定利用世界银行贷款，成立鲁布革工程管理局。原水利电力部发文明确了鲁布革工程管理局在项目管理中的地位。鲁布革工程管理局就相当于项目经理受业主委托全权承担了总管项目建设的任务，对项目的招标承包到移交生产运行的全过程负责。

（1）鲁布革工程管理局内部机构的设置是传统的"直线型"加"职能部门"形式，在纵向上划分为各管理层（局长、副局长、三总、处长和工作人员），在横向上划分为各职能部门（办公室、工程管理处、机电处、计划合同处、财务处、人事处、外事处等）。各管理层、各处室之间的联系和沟通也严格按传统的渠道进行。在国际承包合同进入实施阶段以后，这种传统的机构设置立即就出现了问题，不仅各处室各管一块，有关工作人员不能直接相互沟通、分享信息，而且有关事项必须按管理层的划分逐层向上报告，不允许越级报告。这造成了鲁布革工程管理局不能迅速有效地处理国际合同实施中出现的问题，招来了日本承包人和澳大利亚咨询专家善意地批评。为适应国际合同管理的要求，鲁布革工程管理局及时把各管理层和各处室中的有关人员结合在一起，形成一个"虚拟"（没有专门的办公室）的"工程师机构"来充当该国际合同（分）项目的项目管理机构。该机构中的成员平时仍在各自的处室工作，但只要国际合同项目工作需要，他们可以立即在任何时候、任何地点直接沟通、分享信息，共同处理合同实施中的问题。该机构的工作人员，不论在哪个处室工作，都可以直接接受"工程师机构"的领导。这实际上是在传统的职能部门和国际工程项目之间形成了项目管理中常用的"矩阵式"组织结构。由于高层领导的支持和以身作则，鲁布革工程管理局很快就形成了适合矩阵式管理的企业文化，即员工之间、部门之间、管理层之间以工作为核心的充分沟通和合作。

（2）不仅鲁布革国际合同的矩阵式组织管理实施得非常顺利，而且鲁布革工程管理局还逐步对国内工程局承担的工程（分项目）实行了矩阵式管理。在国际合同项目的矩阵式管理的基础上，鲁布革工程管理局逐渐采用了完全以各分项目（首部工程、引水隧洞工程、厂房工程、机电工程）为核心的矩阵式组织，各传统的职能部门根据需要随时对各分项目机构提供支持（各职能部门还同时承担业主的职责），这不仅保证了对各分项目的有效管理，而且通过各分项目对鲁布革工程管理局人力资源的分享（员工可以随时为各分项目工作），实现了对人力资源的有效利用，使鲁布革工程管理局的员工数量保持在较低的水平上，鲁布革工程管理局内部形成了一套适合项目管理要求的工作价值观。

（3）鲁布革水电站工程从7个国家近20家外商引进较先进的设备和施

工机械，聘请了特别咨询团和挪威、澳大利亚两个咨询组进驻现场。在项目实施管理上，业主单位负责筹集项目的资金，用项目投产后的效益偿还货款，负责联系地方政府及有关部门，办理征地移民，对外交通、通信等。建设单位受业主委托，以业主代表身份，使用项目资金，对工程项目实行综合管理，一方面接受上级主管部门（水电部）的行业管理，另一方面向业主负责。引水系统工程建设通过公开竞标，中标价8463万元，比底价1.5亿元低了6495万元，咨询专家的上百条建议又为工程节约资金3600万元左右；通过较为有效的施工管理和配合，4年工期提前了5个月，索赔金额不足中标合同价的2%。整个引水系统施工质量优良，并且创造了钻爆法隧洞开挖月平均进尺222.5m和最高月进尺373.7m的国际先进纪录。

在当时的情况下，要把"总管"的责任承担起来，对鲁布革工程管理局来说并不是一件容易的事。当时，沿用计划经济体制下的做法，在鲁布革水电站工程建设管理中已经形成了事实上的"三足鼎立"，即水电十四局、昆明院和省电力局都分别对鲁布革水电站工程有一定的管理权。鲁布革工程管理局要对项目实行总管，无疑要从他们那里把相应的管理权拿过来，使鲁布革工程管理局成为他们的管理者，这种管理权限的重新划分自然会引起很多矛盾，当时甚至有一种说法："鲁布革工程管理局这个小轮子必将被水电十四局、昆明院和省电力局这三个大轮子碾得粉碎。"但情况的发展恰好相反，鲁布革工程管理局不仅把水电十四局、昆明院和省电力局紧紧团结在了自己的周围，还把所有参与鲁布革水电站工程建设的各方都紧紧团结在鲁布革水电站工程项目的整体目标上。鲁布革工程管理局充分化解了各种消极因素，调动积极因素，依靠各方所有的力量把鲁布革水电站工程做好。

鲁布革工程管理局在整个建设管理的过程中始终是一个团结、高效率的项目团队。他们中的许多人至今仍为自己在鲁布革水电站工程的经历感到骄傲和自豪。鲁布革工程管理局这个项目团队，是鲁布革水电站工程项目管理取得成功的必要因素之一。

二、小浪底水利枢纽管理中心

(一) 组织机构

小浪底建设管理局作为小浪底水利枢纽工程的项目业主,全面负责小浪底水利枢纽工程的筹资、建设、生产经营、偿还和保值增值,对工程建设和运行管理的全过程负责。小浪底建设管理局内设11个职能处室,下设小浪底移民局等5个二级单位,还设有西霞院项目部、小浪底郑州生产调度中心项目部2个项目管理部门,以及退休人员管理处、综合服务中心、小浪底建设管理局驻北京联络处3个后勤服务单位。

作为小浪底水利枢纽工程项目的业主,为履行业主的各项职责、权利和义务,建立了按职能划分部门的项目管理的组织结构。

(二) 各方职责

(1) 办公室:协助局长处理日常工作;协调局内外关系;负责文秘、档案工作;负责向局长传递各方信息。

(2) 人劳处:负责职工管理;负责干部的提名聘免与日常管理;负责安全生产管理;负责工资奖金分配;负责职工人身保险。

(3) 计划合同处:负责编制基建投资计划;负责编制基建投资统计表;负责工程招标和合同管理;负责工程核算。

(4) 财务处:负责财务管理、会计核算;负责筹资及资金结算。

(5) 物资处:负责业主指定材料供应管理;负责业主指定材料价格调查。

(6) 机电处:负责枢纽永久机电设备招标、合同谈判、监造与管理;负责承包人施工设备及枢纽永久设备进出口及关税管理。

(7) 外事处:负责涉外事务管理。

(8) 水电管理处:负责工程建设供电、供水和通信服务。

(9) 移民局:负责施工区征地移民;负责库区移民及遗留问题处理。

(10) 工程资源环境处:负责施工区内资源环境管理;协调同周边地区关系。为了实现"建设一流工程,总结一流经验,教养一流人才"的总体目标,在建设过程中,经过多次调整理顺生产关系,确立了业主在建设管理中的主导作用。小浪底水利枢纽工程实行业主负责制，经济责任、技术责任都落在小浪底建设管理局身上。这种建设各方关系的转变，使业主能够站在驾驭全局的高度统筹考虑技术和经济问题，从而作出技术上可行、经济上合理的决策。

（三）业主的主要管理工作

1. 业主对工程投资和资金的管理

小浪底水利枢纽工程建设投资由国家拨款和银行贷款两部分组成。银行贷款分为国内银行贷款和国外银行贷款。国外银行贷款包括国际商业银行贷款和世界银行贷款。小浪底水利枢纽工程总投资由国家计委审批，依据基本建设管理程序，对初设概算进行调整。按照基本建设计划管理程序，小浪底建设管理局于上年末编报下一年度投资计划，经水利部和国家计委分别审批并下达下一年度计划，当年下半年调整当年计划，经上述审批程序下达执行。拨款不足时用国内银行贷款补充。世界银行贷款根据贷款协议的规定，符合支付程序规定时，从世界银行直接划拨。

（1）在总概算的框架内制定分项、单项概算；各年根据施工总进度计划、年度施工进度计划，对年内建设项目及其实施时间进行安排。通过上述工作控制年度投资总量及投资的时间分布，实现均衡投资。

（2）小浪底水利枢纽工程资金支付依据合同规定的价款结算程序进行。合同价款结算实行专业审核，分级把关。专业审核是指业主和工程师的各相关职能部门根据其在国际标合同管理中的作用，分别审核项目支付的有关内容：包括计量、审核 BOQ 项目、计日工、变更和索赔、调差及关税补偿。分级把关是指工程师和业主相关部门对工程师开具的支付证书逐级进行审查、签认。在完成承包人申报、工程师和业主审核程序后，业主财务部门办理支付。

2. 业主对工程技术和质量的管理

（1）小浪底水利枢纽工程技术和质量管理由业主负总责。业主负责组织项目设计、监理或委托科研项目。业主咨询机构研究重大技术问题，业主进行决策。小浪底水利枢纽工程采用先进技术标准指导和检验工程施工，应用新技术、新材料提高工程质量。

（2）小浪底建设管理局针对小浪底水利枢纽工程的特点，制定并严格执行与国际标准接轨的各项质量管理规章制度。小浪底建设管理局主要领导亲自抓质量管理工作。业主牵头组织设计、监理、施工等参建各方质量负责人组成小浪底水利枢纽工程建设质量管理委员会，建立质量管理网络，推进质量宣传活动和质量评比活动，决定质量奖罚，对参建各方质量体系进行检查和评价。

（3）咨询公司建立以总监理工程师为中心、各工程师代表分工负责的质量监控体系，对工程施工质量实施全过程、全方位的监管。黄委会设计院小浪底分院常驻工地，为质量控制提供现场技术支持。承包人建立自己的质量管理体系，按合同规范进行施工。水利部小浪底水利枢纽工程质监站对业主的质量管理体系及运行情况进行监督和检查；对监理单位和承包人的质量管理体系及特殊执业人员的资格进行检查和监督；对关键隐蔽工程、重要分部工程、单位工程验收及质量评定情况进行监督、检查和审核，确保其符合国家有关质量管理工作的规定。

（4）小浪底水利枢纽工程建设技术委员会及 CIPM/CCPI 的咨询专家组，对重大技术问题、质量问题、合同问题进行咨询。

3. 业主对工程建设监理工作的管理

（1）监理工程师的组建。水利部批准成立小浪底水利枢纽工程建设咨询公司，承担小浪底水利枢纽工程项目的监理工作。后更名为"小浪底水利枢纽工程咨询有限公司"。当时国内没有现成的监理队伍可供选择，完全由业主自己组建。由于没有足够的工程技术人员，小浪底水利枢纽工程监理队伍采取一部分人员从业主抽调，另一部分人员从设计施工单位选聘，两部分人员全部由小浪底水利枢纽工程咨询公司管理和领导的办法。

小浪底咨询公司以小浪底建设管理局的名义向有关单位发出了《关于选聘工程师代表的邀请函》，先后有 6 个设计施工单位应邀。经过对各单位报送的监理大纲和推荐的工程师代表人选进行认真审查和初步考察，并经业主同意后，决定选择西北勘测设计院作为大坝标的施工监理单位，天津勘测设计院承担泄洪系统标的施工监理任务，黄委设计院和建管局的部分人员承担厂房标的施工监理工作，并由小浪底咨询公司作为厂房标监理的责任方。

小浪底咨询公司还组建了试验室（后改为质量检测中心）、原型观测室和测量计量部，分别负责枢纽工程的土工、混凝土质量检测，以及原型观测和外部变形观测等咨询任务。这三个部门的责任方均为小浪底咨询公司，一部分由业主抽调的人员组成，另一部分从其他相关单位聘请。

随着工程的进展，小浪底咨询公司组建了机电标工程师代表部，负责机电设备的安装监理工作。业主委托小浪底咨询公司承担小浪底水利枢纽工程项目的监理任务。小浪底咨询公司实行总经理（兼任总监理工程师）负责制，总监理工程师直接领导各个标的代表，并授权根据合同文件由工程师代表负责对各标实行监理。

（2）监理组织机构的设置和职责。小浪底水利枢纽工程咨询公司根据工程分标的情况，相应组建了大坝、泄洪、厂房和机电4个工程师代表部，并设置了相应的专业部门分别对技术、合同、测量、原型观测、试验室等进行专业管理。工程师代表部是合同管理的综合权力部门，在总监理工程师的授权范围内直接监督承包人工程合同的实施，专业技术管理部门处理合同中有关专业方面的问题，对专业课题所做的结论由工程师代表部实施。

（3）业主对监理的授权。小浪底建设管理局与小浪底水利枢纽工程咨询有限公司签订了小浪底水利枢纽工程施工监理服务协议，授权小浪底水利枢纽工程咨询有限公司全面负责小浪底枢纽工程的所有工程项目的施工监理、枢纽工程的原型观测和外部变形观测、土工和混凝土质量检测等咨询任务。

在施工监理服务协议书中，明确了由工程师全过程、全方位全面负责工程施工合同的管理，除了分包商批准、重大设计变更和外部条件协调由业主负责外，其他均授权工程师负责操作。对合同中的进度控制、质量控制、合同支付、索赔处理及工程师决定等，都由工程师独立作出。在施工监理服务协议书中，对监理工程师的职责、工作任务、权力和合同责任均作出具体规定。

4.业主对移民安置管理

小浪底水利枢纽工程移民项目实行"水利部领导、业主管理、两省包干负责、县为基础"的管理体制。由于项目利用世界银行贷款，按照世界银行采购指南的规定，项目的实施需接受世界银行相关机构的监督。

（1）水利部作为小浪底水利枢纽工程的主管单位，负责制定和发布有关小浪底水利枢纽工程移民的规章、条令；审定概算并报国家计委批准；就工程实施中的重大问题与国务院各部委及两省政府进行协商；与两省政府签订包干协议并履行本部门的职责。

（2）小浪底建设管理局是移民项目的建设管理单位，下设小浪底移民局负责移民项目的日常管理工作，委托黄委设计院负责项目的勘测设计；委托华北水利水电学院移民监理事务所负责项目的监测评估。河南、山西两省移民主管部门代表两省政府组织实施小浪底移民搬迁安置和淹没处理事项。

（3）按照基本建设项目实行建设监理制的要求，小浪底水利枢纽工程移民项目在全国大中型水库移民项目实施中率先引入监理机制。小浪底建设管理局委托黄委移民局负责监理工作。监理单位实行总监理工程师负责制，下设现场工作站，对移民搬迁安置、专项工程建设、移民资金到位等实行全面监理。高峰时期，监理人员总数达到36人。监理单位通常以工作简报、监理月报的形式向业主单位、两省移民部门报告情况。

三、南水北调工程项目法人组织

（一）项目法人设置

到目前为止，南水北调工程东线工程设立的项目法人有南水北调东线江苏水源有限责任公司和南水北调东线山东干线有限责任公司；中线工程设立的项目法人有南水北调中线水源有限责任公司和南水北调中线干线建设管理局。

（二）南水北调东线江苏水源有限责任公司

南水北调东线江苏水源有限责任公司是由国家和江苏省共同出资设立的有限责任公司，作为项目法人，承担南水北调东线一期工程江苏省境内工程的建设和运行管理任务。承担国有资产保值增值责任，对投资企业行使国有资产出资人职能。

1. 公司职责

根据省政府批复和公司章程，在南水北调东线工程建设期间，公司主要承担工程建设管理和建成工程供水经营业务。东线建成后，公司负责江苏境内南水北调工程的供水经营业务，从事相关水产品的开发经营。

2. 内设机构设置

根据公司职责及近期需要，公司内设综合部、计划发展部、工程建设部、财务审计部、资产运营部5个职能部门。设立总工程师和总经济师岗位。

（1）综合部：主要负责组织协调、拟定公司内部规章制度和管理办法，承担公司重要事项的督办查办工作；负责会议组织、文秘管理、档案管理、信息宣传、机构组建、党群人事、教育培训信访保卫及精神文明建设工作；负责公司后勤保障等日常事务工作。

（2）计划发展部：负责研究拟定公司发展战略和规划；负责工程设计管理、计划管理、投资控制管理和科研管理；负责工程项目建设评价工作。

（3）工程建设部：负责组建和管理现场建设管理单位；负责年度建设方案的编制和组织实施；负责工程建设的招标管理工作；负责工程建设质量、安全、进度、协调工程建设中的技术工作；负责工程建设安全生产和文明工地管理工作；负责组织单项工程验收工作；配合做好征地拆迁和移民安置工作等。

（4）财务审计部：负责协调、落实工程建设资金的筹集、管理和使用；负责组织拟定年度工程建设资金预算；负责工程建设资金支付及公司日常财务管理工作；负责公司财务收支内部审计工作。

（5）资产运营部：负责公司资产的保值增值，研究拟定公司运营管理策略和运行机制；负责完建工程的验收、管理和维护工作；负责制定水量调配方案、供水计划和计量测定；负责工程成本核算和供水水价方案的研究。

（三）南水北调东线山东干线有限责任公司

南水北调山东干线有限责任公司成立后，作为东线一期工程的项目法人，中央在山东境内东线工程的投资在建设期内将其委托给山东省管理。山东干线有限责任公司是山东省境内南水北调工程建设有关方针、政策、措施和其他重大问题的指挥机构，负责境内南水北调工程建设的统一指挥、组织协调，督导沿线各级政府及有关部门积极做好辖区内的南水北调相关工作，特别是做好征地、拆迁、施工环境保障、文物保护、南水北调方针政策宣传等工作，确保南水北调工程的顺利进行。

（四）南水北调中线水源有限责任公司

中线水源公司是水利部按照政企分开、政事分开、政资分开的原则组建的，下设综合、计划、财务、工程、环境与移民5个部门及陶岔分公司。中线水源公司作为南水北调中线水源工程建设的项目法人，负责丹江口的大坝加高、陶岔枢纽和水库移民等工程建设、管理工作。

（五）南水北调中线干线建设管理局

南水北调中线干线工程建设管理局经国务院南水北调工程建设委员会（现水利部南水北调工程管理司）办公室批准正式成立。中线干线工程建设管理局是负责南水北调中线干线工程建设和管理，履行工程项目法人职责的国有大型企业，按照国家批准的南水北调中线干线工程初步设计和投资计划，在国务院南水北调工程建设委员会办公室的领导和监管下，依法经营，照章纳税，维护国家利益，自主进行南水北调中线干线工程建设及运行管理和各项经营活动。

1. 中线干线工程建设管理局主要职责

贯彻落实国务院南水北调工程建设委员会的方针政策和重大决策，执行国家及南水北调工程建设管理的法律法规，负责中线干线工程的投资、质量、进度、安全；负责中线干线工程建设计划和资金的落实与管理；负责中线干线工程建设的组织实施；负责组织中线干线工程合同项目的验收；负责为中线干线工程建成后的运行管理创造条件；负责协调工程项目的外部关系，协助地方政府做好移民征地和环境保护工作。转为运行管理后，负责中线干线工程的运营、还贷、资产保值增值等。

2. 内设机构

中线建管局内设综合管理部、计划合同部、工程建设部、人力资源部、财务资产部、工程技术部、机电物资部、移民环保局、审计部、党群工作部和信息中心等11个职能部门。设立总工程师和总经济师岗位。

（1）综合管理部职责。负责归口管理南水北调中线干线工程建设管理局行政事务；负责局长办公会和局内重要活动、会议的组织与协调；负责全局政务的综合协调、督办和检查；负责文秘、公文处理、综合信息和档案管理；负责机要保密和信访工作；负责法律事务工作；负责机关事务管理和办公基地建设管理；负责办公机动车辆使用的归口管理；负责局内外接待和外部公共关系的联络、协调；负责安全保卫工作和社会治安综合治理工作；负责新闻宣传联络和对外发布新闻。内设综合处、秘书处、法律事务处、新闻中心、保卫处及档案馆等。

（2）计划合同部职责。负责制定计划、统计、合同和招标等方面的管理办法；负责组织制定工程建设期总体和分年度的投融资计划；负责工程项目投资控制以及价格指数、价差管理和工程预备费的管理以及提出价格指数建议；负责建立统计信息管理体系，编制、汇总和上报有关统计报表；负责组织或参与编制初步设计报告并报批，参与项目的前期工作；负责建立招投标管理体系，组织工程项目的招标管理工作；负责工程建设合同管理，组织合同的评审、谈判及签订等；负责工程价款结算和重大合同变更的核定和管理；参与单项工程验收、工程阶段性验收、工程竣工验收和竣工决算工作；负责项目的建设评价工作；负责组织制定所属各单位年度生产经营计划和经济责任制，并监督落实和考核。内设综合处、计划统计处、合同与造价管理处及招标管理处（招标中心）等。

（3）工程建设部职责。负责组织南水北调中线干线工程建设的实施管理工作，组织编制工程管理、进度、质量、安全等管理办法；负责组建和归口管理直属工程项目部；负责组织对工程项目建设管理机构的建设管理行为和监理单位的监理管理行为进行监督检查；参与工程建设的招标工作，监督工程合同的执行和管理；负责合同内工程量确认和合同变更的审查；负责建立质量安全管理体系，监督管理工程建设质量和安全生产工作；负责工程进度和工程施工信息管理工作；负责对工程建设所需主要材料的质量监控；组织制定、上报在建工程安全度汛方案，并督促检查落实；组织对工程施工中的重大施工技术问题进行研究；负责对工程施工所形成档案资料的收集、整理、归档工作进行监督、检查；负责组织编制工程建设验收计划和工程竣工验收报告；负责组织或参与单项工程竣工验收工作，组织工程阶段性验收、工程竣工验收的准备工作；负责完建工程的接受和运行准备工作。内设综合处、工程管理处、合同管理处、质量安全处、建设监理管理处及运行筹备处等。

（4）人力资源部职责。负责组织机构设置与工作岗位分析，制定编制、岗位和定员方案；负责人力资源的配置与管理工作；负责人事、劳动工资、职工福利等方面相关规定的制定与实施；制定员工考核、奖惩、晋升等有关管理办法并负责日常管理工作；制定人才开发战略，负责职工教育培训和技术职称评审的管理工作；负责职工养老保险、医疗保险、失业保险、工伤保险及女工生育保险的建立与管理；指导监督二级单位的人事与劳动工资工作；协助生产管理部门指导监督安全生产，做好职工的劳动保护工作；负责人事档案的管理工作；负责退休职工的管理工作；负责出国人员政审工作。内设人事处、劳动工资处及社会保险处等。

（5）财务资产部职责。负责制定财务管理、会计核算和资金预算管理办法，组织财务管理和会计核算工作；负责编制年度建设资金预算；负责工程建设资金的筹集、管理、使用和监督检查；负责办理工程价款的结算及支付；负责资产的价值形态管理和局本部机关部门经费预算及日常财务的管理；负责会计核算并按月、季度编制会计报表，按年度编制会计决算报表，归口对外提供相关信息资料；参与工程项目概算、预算的审查及决算编制的组织工作；参与工程项目招标文件、项目变更合同的审查及单项工程验收、工程阶段性验收和工程竣工验收工作；参与经济责任制的制定和考核工作；负责财务人员的管理和后续教育工作。内设综合处、财务处、会计处及资产处等。

（6）工程技术部职责。负责南水北调中线干线工程建设的前期工作和技术管理工作，制定工程实施阶段的勘测、设计、科研的有关规定和要求；负责组织对招标设计阶段技术方案、工程量、分标方案的审定，参与招投标工作；参与可行性研究阶段设计文件的审查、评估，参与或负责初步设计阶段设计文件的审查；负责组织或参与初步设计阶段和工程实施阶段重大技术问题的研究；负责组织编制工程技术标准和规定（包括质量控制标准和要求）并监督执行；负责组织对施工图阶段设计文件的质量管理，参与实施阶段较大工程技术问题的处理；负责科研项目的管理和科技成果的推广应用；负责"四新成果"和专利等科技成果的归口归档管理；负责国际合作与技术交流的有关事宜；负责技术专家的组织管理工作；参与单项工程验收、工程阶段性验收和工程竣工验收。内设综合处及前期工作与科研处技术处等处室。

（7）机电物资部职责。负责组织制定机电、物资、设备等管理办法；负责编报机电、物资招投标计划，负责管理机电、电力、通信、控制等设备的技术、设计、招标工作；负责监督、协调、管理机电设备的采购、监造、交付、安装、调试和验收工作；负责机电设备监理和机电设备安全的管理工作；负责和监督工程建设所需主要材料的招标管理和供应管理工作，建立主要材料的全过程质量保证体系；负责机电、物资计划和统计报表工作；负责所属单位设备购置的审批；负责固定资产实物形态的管理。内设机电设备处及物资管理处等处室。

（8）移民环保局职责。负责组织调查核实工程占地实物指标，审查移民安置规划；编制、上报移民安置、土地征用和环境保护工作计划，监督、检查计划执行和资金使用情况，协调移民搬迁安置过程中的有关问题；负责办理工程占地的土地征用手续，协助地方有关部门办理移民安置土地征用手续；负责管理、协调工程项目区环境保护、水土保持和生态建设工作并负责监督、检查或组织相关工程的招标工作；负责协调工程影响区文物保护工作并进行监督、检查；负责委托征地补偿移民安置、环境保护、水土保持及文物处理的监理、监评、补充设计移民安置效果评估工作；协调、配合工程的移民、环境保护、水土保持和文物保护验收；负责有关信息的收集、整理和统计、上报工作，协助地方做好移民环保方面的政策宣传和信访工作。内设规划计划处和征地移民处两个处室。

（9）审计部职责。负责单位内部审计工作，监督检查遵守国家法律法规、执行上级决策的情况；依法对工程建设资金、专项资金、经费支出、经济活动、国有资产使用情况进行审计监督；对大宗物资的采购及工程招标活动的全过程进行监督检查；对干部任期内经济责任的履行和部门、单位内部控制制度执行的有效性进行审计评价。分为内设审计一处及审计二处两个处室。

（10）党群工作部职责。负责党的路线、方针政策宣传工作；负责党的组织建设工作和党员的发展、教育和管理工作；负责党风廉政建设及查处党员、干部违反党纪、政纪案件，按照有关规定对领导干部实行监督；纠正部门、单位不正之风；负责精神文明建设、企业文化建设工作；指导机关共青团组织的工作；负责机关职工代表大会的组织及日常工作，组织职工依法参与民主管理和民主监督，协调劳动关系，维护职工合法权益；受局党组委托，检查和指导局属各单位的党务、工会、共青团及妇女工作，开展相关活动。内设机关党委、纪检监察室及机关工会等处室。

（11）信息中心职责。制定近期和远期信息技术的应用与发展规划；负责信息系统的设计、开发和维护工作；参与签订并负责管理与信息技术有关的合同；负责员工的信息技术培训；负责建立和维护自动化办公体系。

第三节　承包人组织管理

一、鲁布革水电站工程承包人的组织管理

随着我国水电工程管理体制改革的不断深化，鲁布革水电站工程是首先进行项目法施工的试验工程。项目法施工作为一种先进的项目管理方式，在工程建设中不断得到推广和完善。其内涵包括两个方面：一方面是转换建筑业企业的机制；另一方面是加强工程项目管理，目的是建立以工程项目管理为核心的企业经营管理体制。项目法施工是我国施工企业管理体制上的一项重要改革，施工企业根据我国市场经济体制条件，通过对生产诸要素的优化配置和动态管理，实现项目合同目标，提高项目综合经济效益。水电施工企业在社会主义市场经济条件下，按照项目法施工的要求，积极探索，在理论和实践方面都取得了一些经验。

（一）企业内部组织管理

施工企业的竞争力最终体现在项目上，"低成本竞争，高质量管理"是国际大承包人的成功经验。日本大成公司承建鲁布革水电站工程引水隧洞工程后，负责建设全过程的决策工作，包括工程设计、优选施工组织方案、开发采用先进施工技术和适用配套的施工机具。在施工现场只设一个事务所具体组织施工。驻现场事务所只有30多人，但是各司其职，责任明确，在职权范围内的事，可以当场拍板，不必层层请示。施工所需工人就地招用，根据工程特点按操作面配备，混合编组，工种配套，一专多能，并且实行合同制，随工程进度按月进出，最高峰时也只有500多人。在工资分配时，对现场工人支付的工资，死钱少、活钱多，除合同规定的基本工资外，还按工程

进度和安全、质量等要求确定了档次较大的奖金标准，达到指标就兑现，起到了奖勤罚懒的作用。这种总承包制，把建设过程的各个环节有机地结合在一起，从提高整个项目的综合效益出发安排建设，有利于实现低成本、高质量解决工程管理上存在的设计、采购、施工各个环节互不衔接、责任不清的问题。

（1）日本大成公司承建鲁布革水电站工程引水隧洞工程，使中国对国际通行的"以项目管理带动企业管理"的方式，第一次有了比较全面的了解。这种企业管理理念，使鲁布革水电站工程慢慢形成了先进的管理机制，使在计划经济体制下的国有施工企业开始分解；固化的"公司—工程队—施工队"的多层次行政管理体制和劳动组织开始解体；组织结构扁平化和矩阵式的组织管理系统开始建立；人、财、物等生产要素进行优化配置的内部市场开始发育；一种全新的企业内部管理机制在施工企业开始运转。

（2）水电十四局将厂房工程作为学习日本大成公司经验的改革试点，科学合理地设置了管理组织结构，组建了厂房指挥所，实行承包合同制，抽调职工400名；指挥所设所长、主任、工长、组长和工人五个层次，实行所长负责制，各级不设副职；严格实行进度目标管理；分配上实行工资含量加效益分成；实行严格劳动纪律和岗位责任制；指挥所有给予警告、扣奖、免职、降级甚至辞退的权力。厂房试点取得了明显效果，历时13个月，抢回了3个月工期，提前4.5个月结束了厂房开挖，完成产值月均67万元，工程质量合格率为100%，喷混凝土和锚杆优良率达80%以上，没有发生重大伤亡事故。

（二）施工现场组织管理

鲁布革经验是成功地实施了基本建设的"项目法"施工，建立了公开竞争选择承包人和供货商，对项目实行全面（设计、施工和管理）和全过程（筹资、设计、移民、施工、运行、经营管理）管理的建设管理体制。从那时起，各水电施工企业在水利部和地方领导的大力支持及工程建设各方的通力合作，水电工程建设取得了可喜成果。水电十四局认真总结鲁布革水电站工程的施工经验，发现实施项目法施工在一定程度上提高了施工企业的竞争力。这使鲁布革水电站工程的施工组织方式简捷、机构精干灵活、劳动组织合理；同时在施工设备的选型上，不求单机的"高、新、尖"，而是讲究配套和适用，按照施工工序和工艺，进行科学配置，成龙配套，创造最佳的生产效益；在施工中，不盲目扩大工程量、追求工作量，创新施工技术，提高项目管理的国际化水准；强化认识"低成本竞争、高质量管理"的项目管理理念，紧抓成本预算，严格成本控制，依靠高品质的管理，实现项目的质量优良、工期合理和效益可观的高度统一。

鲁布革水电站工程在进行组织管理的过程中不仅强调项目团队建设，特别强调正确划分项目团队的边界。从系统的观点来看，人们之间的许多冲突其实是系统之间的冲突，是"我"这个系统和"他"那个系统之间的冲突。如果能把"我"和"他"这两个系统合起来，而从"我们"这个系统来考虑问题，许多冲突会迎刃而解。这种团队建设的要求也是为了项目组织的整合管理。

二、G 市抽水蓄能电站工程承包人的组织管理

G 市抽水蓄能电站主体工程由水电十四局中标承建。水电十四局中标后大胆改革内部施工管理机构，按照项目法施工的要求，成立了广东分局，代表工程局全权实施项目管理，形成了整个组织结构网络并重点组建了决策层、管理层和作业层。

（1）从建立精干的施工项目管理机构，实现高效的管理人员，按项目局长组阁，工程局党委批准的组织管理程序，首先形成了项目局长为首，包括项目副局长、项目总工程师、项目总经济师在内的项目决策层。项目局长兼党委书记对项目总负责，拥有人事管理、生产指挥、设备购置、分发包、内部分配等权力。决策层6人均经过鲁布革水电站工程及其他水电工程建设施工，具有丰富的施工管理经验，使广东分局成为一个互补性决策班子。在施工中，决策层组织和协调能力强，对施工中的重大问题能做出及时、准确和稳妥的现场决策，形成了以项目局长为核心的指挥中心。

（2）项目管理层遵循一切为生产服务、需要就是命令的准则，每天12小时工作制。总调度室、安全质量部24小时办公。管理人员深入到施工生产、管理的每个层次和岗位了解情况，解决问题。采用一人多职的办法，努力做到施工高速度、工作高效率。严密的组织、和谐的配合、统一的行动、团结

的气氛，使 G 市抽水蓄能电站工程的管理层形成团结奋进、职能高效的封闭稳定项目管理体系。施工项目管理班子的选配和职责划分是项目局长管好项目的组织保证，也是项目局长的重要职责。根据制定的 G 市抽水蓄能电站工程机构设置原则，本着精干、高效、多功能的宗旨，设置了工程技术部、经营管理部、安全质量部、物资供应部、财务部及总调度室、党委办公室、局长办公室。各部室负责人均由局长聘任，在确定各部门定员后，各部门领导根据局长提出的原则自行聘用本部人员，并在此基础上制定各系统的岗位责任制。分局同时将目标、职责、任务、权力配套分解，逐级下达。从而组成了组织、计划、控制、协调、指挥全功能的管理保证系统。项目的决策、授权、指导和控制自上而下。而项目的实施、报告、反馈自下而上，保证了决策及时、指挥畅通。

（3）施工作业层是完成 G 市抽水蓄能电站工程施工任务的主体，打破了过去成建制调动施工队伍、老婆孩子齐上阵、拖儿带女大搬家的做法。本着动态优化劳动组合和一专多能、混合工种编制的原则，分时段进行了作业层的组合。在整体上，采用了限制女职工比例，坚持不办托儿所、幼儿园、子弟学校；控制作业层进场人员，划分生活房建指标包干，制定施工现场工资含量包干使用办法等措施。在装机容量120万 kW 的水电站施工高峰期间，人数仅为2700人，为鲁布革水电站施工人数的1/3，却创造了1989年人均3.88万元／（人·年）、1990年4.91万元／（人·年）、个别单位8.00万元／（人·年）的劳动生产率，超过了日本大成公司在鲁布革水电站工程创造的4.72万元／（人·年）的纪录。从作业队伍上，改变以往开挖和混凝土分家、专业队伍施工的做法，在开挖工作完成后，原来的开挖队经短期培训，绝大部分转成混凝土工程队。由此，减少了专业队伍来往的调迁和工作面交错所带来的诸多矛盾。在施工作业面上改变了单一工种多循环的传统做法，实行一专多能、混合编组。开挖工既要凿眼、装药、放炮，又要安装风水管，清理排水沟。汽车司机除开车外，还要装药卷、做沙袋、干辅助工作。这样的改革使原来一个开挖工作面由200多人减少到60～70人。减少了工序间的衔接，明确了施工质量及安全等方面的责任，节约了循环的时间，既加快了施工速度，又提高了经济效益。在此基础上工人的收入也得到相应地提高。

（4）按管理层和实务层分开管理原则，在分局下设置项目业务管理机构，即工程技术部、经营管理部、财务部、物资供应部、安全质量部、分局局长办公室、总调度室和分局党委办公室。对管理层人员全部实行聘用制，逐级选拔聘用。

（5）水电十四局对企业内部组织管理机构的革新，除了建立了 G 市抽水蓄能电站工程特有的组织结构网络，还强化了目标管理，建立了具有中国特色的"三位一体"保证体系。

三位一体，就是重点抓思想工作，辅助以行政手段，利用经济杠杆发挥综合作用。开展思想教育工作的主要做法是：讲三情，抓重点，启发职工的主人翁责任感；充分发挥干部的模范带头作用；进行入情、入理、入实的新时期思想教育工作；使用各种激励机制充分调动广大职工的积极性；在效益分配上，坚持多劳多得、相对合理的原则。G 市抽水蓄能电站工程将抓思想建设置于队伍建设首位，努力在职工队伍中倡导四种精神，即"自尊自爱的民族精神，勇于改革的开拓精神，艰苦奋斗的拼搏精神和大公无私的奉献精神"。这四种精神最初源自鲁布革水电站工程，当时叫"为国争光，为局争气""团结奋斗，顽强拼搏"，后在 G 市抽水蓄能电站工程得到发展和完善，逐步形成了三位一体的工作方法和具有中国特色的企业管理运行机制，保障了项目管理，在职工中形成了一种良好的精神风貌。

（6）G 市抽水蓄能电站工程的实践使项目法施工得到进一步发展和完善，对进一步解放和发展我国水电施工生产力具有重要的意义和深远的影响。根据施工组织设计和工程实际需要，坚持"严格把关、有效投入、重在产出"的原则，精心组建项目经理部。在此基础上根据优化组合、动态管理原则，设置管理机构，配备合适的施工队伍和机械设备。

综上所述，G 市抽水蓄能电站工程的企业内部组织管理组建了一个比较合理的组织机构，同时，辅助以目标管理和"三位一体"的保证体系，建立具有 G 市抽水蓄能电站工程特色的施工企业组织管理体系。

三、小浪底承包人现场组织管理

黄河小浪底水利枢纽工程三个国际土建标工程规模都较大，中标联营体将部分项目以工程分包、劳务分包的形式分包给外国公司和中国公司，在施工现场形成了业主发包、中标承包人分包或再分包的"中—外—中""中—

外—外—中"的合同链。由于业主与承包人、承包人与分包商国别不同，思想观念、文化背景、施工经验、管理水平上的差异很大，给工程建设管理带来极大困难。小浪底水利枢纽工程除了具有科学的业主项目管理组织结构，现场各承包人的组织结构设置也较为全面，避免了许多误解，同时也较好地解决了施工过程中的诸多问题。下面以二标承包人的现场机构为例进行说明。

（一）承包人的组织机构

二标承包人的现场设项目经理，项目经理下设商务、合同、安全、质量、施工、技术、费用控制等部门。

商务管理机构下设当地和外籍人员人事部、仓库、计算机中心和学校、医院、食堂、超级市场及俱乐部等机构。商务经理主要负责人员的雇佣和管理，设备、材料的订购和运输，与银行有关的事务，后勤管理等。实现了对项目外部事件或单位进行协调及协调工作责任人。

（二）内部各部门的职责

（1）技术部的主要职责：保存和管理施工图纸；在生产部门的配合下准备"施工方法说明"；准备合同进度计划并随工程进展不断更新；控制现场的施工进度并向工地经理汇报可能引起延误的各种不利因素。

（2）合同部的主要职能：就工程条件的变化和变更向工程师提出索赔意向，负责索赔的日常管理及索赔文件的准备；负责工程计量和月支付；负责管理分包商。同时针对项目管理的各参与方，如业主、承包人、分包商、设计机构等进行协调。

（3）费用控制部的主要职责：收集各部门、各施工项目每月的实际花费和成本，并与当月的实际收入和当月的计划目标相比较，将比较结果递交现场经理和行政经理及总部，由高层管理人员采取相应措施控制工地的成本与支出，实现投资控制协调。

（4）设备部的主要职责：负责现场所需要设备的安装、运行，负责机械的修理和维护，以及生产所需的水、电、气等生产系统的提供和运行等。

（5）施工部分为混凝土部和开挖部两部分。混凝土部分成混凝土浇筑、仓面清理、混凝土表面修补等分部和水及气供应、钢筋加工、预制厂、制冷系统等生产附属机构。开挖部包括明挖、洞挖、公路维护、石料场和道路开挖、廊道开挖等分部。

（6）特别工作组是在出现较大技术问题、合同问题或进度问题时，而临时组织的一种特殊机构。随着工作的进展和重点转移，承包人的现场组织机构随工程进展进行调整。例如，二标承包人前期的开挖量大，又有混凝土工作，故在施工部下又分为开挖和混凝土两个部，在开挖工作基本结束后，大部分是混凝土工作，承包人又将下设部门变为施工部统管。小浪底水利枢纽工程二标承包人根据合同工程的特点和员工生活需要，在现场设立了庞大的管理组织机构，实现了项目班子内部协调、项目系统内部系统和项目系统外部协调。

四、南水北调工程承包人现场组织管理

南水北调工程规模巨大，已开工建设的东线、中线工程标段多，参建施工承包人众多。下面以中线京石段 S6 标中标承包人为例，分析其现场组织管理。

（一）承包人的组织机构

中线京石段 S6 标承包人中标后即组建了"渠道 S6 标段施工项目经理部"。承包人总部作为项目经理部人员、设备、技术、资金调配的坚强后盾，根据工程施工的需要，及时组织各种资源的供应。同时，总部对现场项目经理部及工程实施实行指导、监督与控制。总部在法律和经济责任等方面承担连带责任。

项目经理部作为项目独立的主体，对工程项目合同义务、责任、权利负责，在保质量、保工期、创信誉的前提下，完成本项目的施工。

项目经理部设项目经理 1 人、副经理 2 人、总工程师 1 人，下设施工管理机构和施工作业处、队（厂）。

（二）内部各部门的职责

1. 项目部决策层

项目部决策层由项目经理、总工程师、项目副经理组成，担任以上职务

人员均具备相应资质和经验。项目经理对本合同工程的施工质量、进度、安全负全面责任，并直接向发包人和工程局负责。

项目副经理主要负责项目施工组织、生产管理、进度控制等，并定期主持召开生产会议，协助项目经理处理日常工作。总工程师主要负责项目施工技术管理工作，主持制定工程总体施工技术方案、施工总进度计划、质量计划、重大施工技术措施及质量、安全技术措施等。

2. 项目部管理层

管理层由工程局范围内抽调有经验的技术和管理人员组成，管理层设置8个部门。

（1）工程技术部。负责工程施工技术方案、技术措施、作业指导书、施工总进度计划的编制并组织实施；负责技术文件、资料、图纸的收发、收集、归档；负责与设计、监理部门进行沟通。

（2）施工管理部。负责工程施工的组织协调，解决施工中存在的问题，并进行安全管理，进行施工安全教育、部署、检查等管理工作。

（3）经营合同部。负责合同、预算、定额、结算、索赔管理，并根据合同文件及现场施工情况进行经济分析。

（4）劳资财务部。负责人力资源、劳动工资、财务管理及会计核算的工作。

（5）质量管理部。按"三整合"的管理要求和有关技术规范要求对工程施工过程进行质量监控、工序验收及签证工作，严格执行"三检制"，并做好检验记录。

（6）物资设备部。负责工程所需的设备材料的采购和保管，严格按质检文件中规定的程序检查和验收，保存好合格文件。

（7）综合办公室。负责项目部文件、资料的收集、整理、发放工作；协助项目经理做好日常事务工作。

（8）测量队和试验室。测量队配合技术部，进行工程控制网点复核、施工放样测量、原始地形和完工面貌资料整理等；试验室配合质量管理部进行土工、混凝土、原材料等试验、检验，并负责监测仪器安装、观测及资料整理等。

3. 施工处（队）职责分工

（1）施工机械处。承担全部土方工程施工及机械设备日常保养、维修、小型易损零件更换等。

（2）土建一处。承担渠道交叉建筑（包括排水倒虹吸及分水口）所有土建工程施工。

（3）土建三处。承担所有渠道衬砌及防护工程施工。

（4）金结施工队。承担金属结构、启闭设备、机电设备埋件制造安装、调试等。

（5）桥梁施工队。承担桥梁工程施工。

（6）道路施工队。承担路面工程、房屋建筑、砌筑工程、监测设备安装等项目施工。

（7）综合加工厂。承担钢筋、木材、模板及小型金结构件加工。

（8）混凝土拌和站。承担各类混凝土拌制，砂石料堆存。

第四节　监理/咨询方组织管理

一、G市抽水蓄能电站工程组织建设监理

G市抽水蓄能电站工程是水电建设最早实行建设监理制的项目之一。工程监理成建制聘请，通过招标选择并与之签订监理合同。根据公司授权，工程监理常驻工地对工程施工质量、进度、安全实施全面的监督管理。工程监理不仅监理施工，也要监理设计，工程设计图纸经监理审核后才能交付施工，监理还参与设计施工方案的优化。为使工程监理充分发挥作用，联营公司在监理合同授权范围内，对监理给予充分的信任和坚定的支持，并为监理提供一切必要的工作条件和后勤保障。这些措施加快了工程进度；确保了工程质量与安全；维护了双方的利益；节约了投资。

（1）G市抽水蓄能电站工程监理机构设置原则采取总工程师负责制，一正两副。各部实行部长负责制，一正一副；内部实行三级管理，内部人员要求一专多能，一人多用；机构设置和人员配备必须适应现场情况的变化和工作需要（不搞形式主义；机构不能臃肿，不能人浮于事；层次要少，办事效率要高，不能拖拉）。

（2）在施工和机电安装高峰时期，全部人员约 80 人，其中专业人员 65 人（土建专业人员 42 人，机电专业人员 23 人），高级工程师 18 人，工程师 20 人，助理工程师 27 人。在年龄结构上，中青年占 2/3。

二、小浪底水利枢纽工程监理组织

小浪底水利枢纽工程自前期工程开工伊始，小浪底水利枢纽工程咨询有限公司便受项目业主——水利部小浪底建设管理局委托，承担了全面监理工作。依据 FIDIC 条款，在工程建设监理"三控制、两管理、一协调"全方位与国际接轨方面做了有益的探索和尝试。为实现"建设一流工程，培养一流人才，总结一流经验"做出了不懈的努力。

（一）小浪底监理组织

根据工程分标，小浪底咨询公司按 FIDIC 条款相应组建了四个工程师代表部。任命了代表和副代表（相当于项目总监理工程师），建立了一系列岗位职责与制度，对大坝、泄洪、地下发电设施、机电安装四个标段的工程进度、质量、投资依据合同条款和技术规范，进行严格控制和管理。各标代表（总监理工程师）主持制订各标段的"监理规划"并审核批准专业工程师制订的"监理实施细则"，按 FIDIC 条款要求，有条不紊开展监理业务。现场工程师日夜三班全过程、全天候旁站监理，巡回检查，材料及半成品的检验，基础处理，土工试验，联合测量，模板、钢筋检查，仓面验收，混凝土浇筑，开挖支护，锚索灌浆，填筑等。每一道工序，每一个环节都层层把关，严格验收，把事故隐患消灭在萌芽状态，工程进度、价款支付都得到有效控制。同时，还设置了相应专业部门对技术、合同、测量、原观、试验等进行专业管理，成立了前方总值班室，对现场施工各标之间，与业主有关部门水、电、路等进行总体协调，密切掌握施工动态，通过各种现场协调会议及时解决了一系列施工中遇到的干扰、困难等难题。通过"前方值班简报"每日反馈给项目业主、咨询公司领导和有关各代表部门及职能部门。

（二）总监负责制

（1）协助业主搞好招标工作与合同管理，力争早日介入招标工作以利于合同管理。

（2）编好合同文件，熟知合同规定，恪守合同准则。

（3）强化合同意识，用正确的指导思想管理合同。

（4）确定工程项目组织和监理组织系统，制定监理工作方针和基本工作流程。

（5）确定监理各部门负责人员，并决定其任务和分工，建立完善的岗位责任制。

（6）必须在现场对承包人进行监督管理并设置长期、稳定的现场管理机构。

（7）主持制定工程项目建设监理规划，并全面组织实施。

（8）及时对工程实施的有关工作做出决策。如计划审批、工程变更、事故处理、合同争议、工程索赔、实施方案、意外风险等；在处理合同问题时，尤其要及时协调，快速决策。

（9）审核并签署开工令、停工令、复工令、支付证书、竣工资料、监理文件和报告等。

（10）定期、不定期向本公司报告监理情况。

（11）以公司在工程项目的代表身份，与业主、承包单位、政府监督部门有关单位沟通，按规定时间向业主提交工程监理报告。

第二章 水利水电工程的施工管理

第一节 水利水电工程的施工管理问题

随着我国改革开放步伐的加快及国民经济的发展，各个行业都获得了巨大的发展空间，水利水电工程也成为关系着国计民生的大业，对国民经济的发展具有重要的推动作用，因此必须加强对水利水电工程施工管理的重视。本节笔者基于管理角度，对水利水电施工中面临的管理困境进行系数阐述，从完善水利水电管理体系、加强对施工计划的完善等角度提出改进性措施。

水利水电工程建设关系着人们的生产生活及国民经济的发展，因此对水利水电工程建设的要求比较高。加强水利水电工程资源优化配置，促进水利水电工程的发展是一项非常重要的工作。水利水电工程的建设能够有效防洪抗涝，同时实现水力发电、对农田的灌溉及水利环境的完善。通过对水利水电工程建设的完善管理，有利于降低工程成本、提高工程质量、造福社会、服务人民。

一、基于管理工作的水利水电工程施工面临问题

从我国水利水电工程施工情况来看，其产生的施工管理问题可以体现在多个方面，接下来将对具体的施工管理问题进行分析：

水利水电施工管理体系陈旧。随着我国经济和技术能力的提升，水利水电工程施工也取得了巨大的进展，但是从具体的施工管理情况来看，管理体系仍然比较落后，导致水利水电管理工作开展不顺利，而造成水利水电工程管理体系陈旧的主要原因由我国水利水电工程施工的特殊性决定。在水利水电工程建设中，项目的施工方、管理方、投资方及监理方等在具体的施工管理中没有对责任进行明确的界定，导致施工管理中存在多方管理或者管理空白，造成施工管理混乱。

水利水电工程施工前准备不充分。水利水电工程施工中涉及的施工量一般都比较大，而且必须要保证进度，需要在规定的时间内完成，因此必须在施工前做好充分的准备。如果在施工前没有做好准备工作必然会导致后期的施工进度受到影响。比如施工的设备存在隐患，在施工的过程中会导致工程不得不停工或者造成施工安全事故，使施工质量受到影响。

水利水电工程施工质量监督不到位。水利水电工程施工中涉及的任务重，同时施工周期一般都比较长，很多工程无法在短时间内完成，因此对施工质量安全监督的要求也更高。水利水电工程施工质量安全监督的主要人员为监理人员，但是从当前水利水电工程建设施工的监督情况来看，监理人员的配置及监理监督的工作落实并不到位。监理人员需要由管理方及施工方共同组成，但是在实际的监理工作中，施工方却往往没有专门设置施工监理人员，导致监理方与施工方的沟通和工作协调不顺畅，同时，监理工作实施的过程中形式化严重，很多监理内容都是走过场，没有发挥监理的作用。

水利水电工程施工后期把关不良。水利水电工程项目建设中涉及的专业内容多，包括地质勘探、土方建筑、地下施工、爆破技术、高空作业等多方面的知识内容，而且各科专业内容复杂，导致工程建设后期的质量把关存在很多的问题。尤其是对于一些中小型的水利水电工程来说，由于工程量小，因此关注度比较低，对施工质量的管理也会有所放松，导致施工中存在的质量问题没有被及时发现和纠正，造成水利水电工程建设质量不过关，在工程交付后无法正常使用或者缩短工程的使用寿命。此外工程建设违规投标问题也比较常见，导致工程质量难以把关。

缺乏全方位的监督和审核体系。水利水电施工过程中，施工企业主要监督和审计的为工程的进度、质量及回款率等几个项目，缺乏对具体效益的考核。同时在工程项目施工前没有做好预算工作，在施工过程中缺乏核算意识，在施工结束后没有做好结算，导致水利水电工程项目的成本控制工作落实不彻底。这也导致部分水利水电工程施工企业虽然能够保质保量地完成施工工作，但是最后却面临着亏损。

二、改进水利水电工程施工困境的主要措施

通过以上分析可知，在水利水电工程施工管理中存在很多的问题，影

响水利水电工程的建设质量和使用寿命，因此需要针对这些问题采取相应的解决对策，保证水利水电工程的顺利开展。

(一)完善水利水电管理体系，加强施工质量管理

由于水利水电管理体系的陈旧和落后，导致在实际的工程施工管理过程中存在较大的难度，因此必须要加强对水利水电管理体系的完善。在管理体系中需要兼顾到设计、施工、建设以及监理等多个方面，同时对各方的工作责任进行明确。采用责任分摊制度，将施工中的准备工作、施工工作、监理工作以及质量监督等工作进行细化，并落实到具体的管理部门和单位，使施工管理工作更加具体，并对施工管理内容和责任进行明确，有效避免施工管理体系落后影响施工质量的管理和工程的有序开展。

(二)加强对施工计划的完善

水利水电工程施工过程中，施工前、施工中及施工后都需要建设一套完善的施工方案，进而有效应对施工中可能出现的进度以及质量问题。比如在堤坝施工的过程中，可以先将堤坝施工处理分为三个部分，分别为地基处理、土石方处理及混凝土处理。这三部分互相影响但是同时也存在一定的区别。通过对这三个部分内容的合理安排，有利于保证工期的顺利进行，同时做好对施工计划的改进，为后续的顺利施工奠定基础。

(三)做好施工的质量控制和管理

水利水电工程的工序复杂，工程量大，因此必须做好各个工序的质量控制工作，工程的施工方及建设方都需要设置与监理专门对接的岗位，使监理能够及时了解施工及建设的目标和要求，并做好质量监督监管工作。每道工序都需要对工序的开展条件及后期的效果进行控制，从而保证工序开展的质量，为工程建设的事中控制及事后控制等都做好计划，保证各个工序落实都符合要求和标准，如果发现存在不符合标准的工序，需要立即返工。

(四)科学控制水利水电工程的施工成本，促进工程质效的优化

水利水电施工单位在中标后必须要加强成本控制才能够保证施工成本

利润，因此制定科学、全面的施工成本控制体系尤为重要。在制定施工成本控制体系后，需要严格按照该体系执行，同时在水利水电工程建设中需要做好各项施工中的成本记录，保证记录的详尽性和完整性，内容包括人工、耗材、机械消耗、场地布置等，同时在水利水电成本控制中需要针对不同的成本费用建立不同的成本控制标准。以合同成本控制为例，在施工成本控制中需要以合同中的成本项目为标准，在预算定额中，需要严格按照国家或者地方的预算定额制度或者成本控制标准进行，实现对成本的有效控制。此外，降低水利水电工程施工成本。由于施工企业管理制度的落后，导致施工成本控制意识不足，因此必须要注重对工序成本的优化，保证施工目标的实现。比如对于一些使用频率低、价格高的设备可以通过租赁的方式获取，降低设备购置费用。

综上所述，水利水电工程施工中，管理机制的落后及工程自身特点，导致施工管理中存在很多的问题，使水利水电工程的质量和进度受到影响，因此必须要加强对水利水电施工管理工作的重视，针对其中存在的问题，采取相应的改善对策，促进水利水电工程的顺利开展，为水利水电行业的发展奠定基础。

第二节　水利水电工程施工经营管理

一、经营管理概述

(一) 基本概念

水利水电工程经营管理指水利工程管理单位运用管理科学，对所拥有的人力、物力、财力等资源进行合理组织、以求保证工程安全，充分发挥工程的综合效益，取得最大经营效果的全部技术、经济活动。

1.经营管理的构成(六大要素)

(1) 管理者：对经营管理进程有决定性影响的要素，是管理的灵魂。

(2) 管理对象：是管理者直接和间接作用的对象，是在经营管理中被管理的人、事、物。人的管理始终是经营管理的核心和重心。

（3）管理目的：管理者通过管理活动应达到的经营管理指标。主要取决于管理者对管理目的的认知程度。

（4）管理职能：是管理活动应有功能，它包括决策、计划、组织、指挥、协调、控制和监督。

（5）管理技术：在经营管理中所应用的知识、理论、方法、经验和技巧等。

（6）管理环境：包括行政管理环境、经济环境、社会文化环境、法律环境等。规范的经营管理是实现经营目标的必备条件，而规范的管理在很大程度上依赖于管理环境。

2. 水利工程管理单位性质

水利工程管理单位是从事生产性经济活动的组织，其性质将根据其生产资料的所有制和是否要求盈利的政策来确定。

（1）国有企业：国家管理的水电站、单纯向城镇或工业供水的水利工程管理单位。

（2）国有制事业：国家管理的防洪工程、单纯向农业供水的工程管理单位。

（3）集体所有制事业：由乡以下集体管理的小型水利工程设施，属自管自用。

（4）股份制企业：由股东管理的水利工程管理单位。

（5）私营企业：个体投资兴建的小型水利工程，投资者享有经营权。

（二）经营管理的主要内容

（1）虎头（体现开拓进取实力）：包括企业制度、经营战略、经营决策、市场营销、技术进步等。

（2）猪肚（体现内部管理能力）：计划管理、劳动管理、生产管理、设备管理、物资管理、考核评比。

（3）豹尾（体现单位长足发展潜力）：质量管理、财务管理、多种经营管理、企业文化。

(三) 经营管理的主要方法

1. 通用方法

(1) 经济方法：按照经济规律的客观要求，调节各种不同利益主体的经济利益关系的经营管理方法。主要通过经济组织、经济杠杆、经济合同和经济责任制等方面的作用进行管理。

(2) 行政方法：依靠行政组织，运用行政手段，按照行政方式 (如运用职责、职位和职权) 进行管理的方法。

(3) 法律方法：学法、懂法，严格依照法律规范从事生产经营和参与社会生活。

(4) 思想教育方法：通过启发人们内心世界的变化进行感化和教育、引导、灌输，主要改造人们的世界观。

2. 专用方法

(1) 决策方法：

① 定性的方法：经验判断为依据；

② 定量的决策方法：盈亏平衡法、差量分析法、决策树法、线性规划法、经济评价法。

(2) 计划方法：计划是决策的继续和具体化，并且为控制、监督和协调等提供标准。常用有网络计划技术、滚动计划法和弹性计划法等。

(3) 组织方法：是实现经营管理目标的一个重要前提。常用有系统工程、现代劳动组织方式和生产组织方法等。

(4) 指挥方法：是管理者在一定的组织系统内，以自己的权威和组织赋予的一定管理权，使被管理者服从指挥者意志和愿望的一种管理活动。

(5) 协调方法：心理协调法、人际关系协调法。

(6) 控制方法：

① 通用控制方法：教育和培训、奖惩、预算、经济资料分析和鉴定式评价等；

② 专用控制方法：成本控制方法——价值工程、水库控制运用等。

(7) 监督方法：经济监督方法、行政监督方法、法律监督方法和人文环境监督方法等。

二、水利水电工程施工经营管理问题分析与对策

(一) 水利水电工程施工经营管理问题分析

1. 管理法规不健全

当前国内的法律法规就是对招投标、施工及监理企业进行制约，没有将工程施工管理包括在内，使得在施工时施工企业间会产生这样或那样的冲突，使得工程的工期受到影响，使得水利水电工程出现拖期现象。此外，文件资料及收费等也有待进一步的优化。

2. 工作量不达标

在水利施工企业中，大多数施工人员的意识不强，使得很多工作做得不到位，导致水利水电工程质量受到影响，这一情况产生的原因是施工人员的质量意识薄弱，一些施工企业工作量不饱和，使得施工企业的正常运行受到影响。

3. 管理方式粗放

对于水利水电工程来说，其施工地点及工期等，与施工工程的特点有着直接的联系。通常来说，水利水电工程的施工周期要长一些，少的要数月，多的可能要数年。在当前，由于施工人员的综合素质不高，使得国内水利水电施工管理模式以粗放式为主，在施工时，验收工程材料及施工工艺时，要求不严格；在项目管理过程中，基本以经验为主，并没有结合具体的情况对其进行调查分析。管理能力、水平与时代发展不相符，同时在采集、分析数据方面也做得不到位。

4. 企业管理体系缺失

在施工时，很多企业在施工管理的过程中，完善的施工管理目标是缺失的，相应的组织结构体系也不健全。不仅如此，企业的管理效率非常低，管理方法不科学，管理经验总结缺失。从某种程度来看，这些对于施工经营管理向科学化、规范化方向发展有着严重的阻碍。

(二) 水利水电工程施工经营管理对策

1. 重视经营管理制度创新

想要使水利水电工程经营管理能力提升, 则工程团队一定要将经营管理制度创新工作落实到位, 其重点有三个方面:

(1) 工程管理团队要全方位掌握当前实行的经营管理制度, 针对这些制度中存在的与时代发展需求不相符的内容, 将其进行分类、梳理, 此外查找、核对这些制度中存在的问题, 这样对于今后的经营管理制度改进和优化打下坚实基础。

(2) 对于水利水电工程来说, 一定要深入探究新型的经营管理制度, 把它和以往的制度体系有机联系在一起, 使经营管理制度有效性提升, 与之有关的管理人员还要深入地分析新型经营管理制度的原则以及关键点, 在具体应用中, 将实施经验进行汇总, 从而使水利水电工程的经营管理能力全面提升。

(3) 对于水利水电工程来说, 其经营管理制度有着多样化的特点, 例如施工质量保证制度、安全管理制度等。为了将这些制度的作用充分发挥出来, 管理者就要对其加大研究力度, 还要结合经营管理制度的不同, 制定具体的管理方案, 确保工程的有效实施。

2. 重视施工现场经营管理

不单单是经营管理制度, 对于水利水电工程而言, 还要高度关注施工现场的经营管理。因为在水利水电工程施工过程中, 会使用很多的施工材料、设备等, 倘若没有对其进行有效的管控, 不仅会使工程工期受到影响, 同时无法保证施工人员的安全。因此, 工程管理者要结合要求, 全方位地管理施工材料、设备。从施工材料方面来看, 由于水利水电工程的材料类型多, 其市场价格也不一样。因此, 在施工前, 要科学地选择施工材料, 结合工程的需求将价格适中、质量确保的材料进行选择, 从而能够为工程经营管理工作的实施创设条件。同时, 针对质量不合格的施工材料, 要立即更换, 同时还要将施工材料的存放工作做好。因为有些材料对温度、湿度是有要求的。因此, 施工管理者要优化管理施工现场, 从而避免材料产生变质的现象的发生。此外, 管理者还要管理好材料的运输以及装卸等, 使施工安全得到保证。最后，施工管理者要严格管控工程中应用的机械设备，倘若在检查过程中查找到机械存在问题，必须马上告知专业维修人员，对其进行及时的处理，同时将记录做好，为维护施工机械创设条件。针对存放机械设备的场地，管理者要对其进行监控，定期保养机械设备。这样，方可使机械设备的使用价值最大化，使工程经营管理成效得到保证。

3. 重视施工成本经营管理

因为水利水电工程在实施时，会将很多的施工材料、设备等进行应用，由于工程量的增加，使得消耗的资源也在不断地增加，工程管理者要管理好施工人员，必须有很多的成本给予支撑，管理者要有效地管理好施工成本。

（1）管理者要全方位掌握施工材料的市场价格。在水利水电工程中，施工材料类型多，具有一定的复杂性，这些材料在价格方面也有很大的不同。倘若工程管理者未能详细地分析材料的市场价格，没有预测工程的材料价格，则在今后的成本管理过程中就会有很大的影响。所以，施工管理者一定要关注材料的市场价格，避免不必要的浪费。

（2）工程管理者要分析施工中所需的能源消耗费用。因为水利水电工程在实施时，会消耗很多的水、电资源，很多复杂的施工环节还会运用特殊能源，这时一定要管控好能源资源的消耗成本，制定具有可行性的使用方案，方可使能源资源的使用价值最大化，从而为施工成本管理创设条件。

（3）在工程施工过程中会有很多的人力，为了使工程得以顺利开展，使施工人员的权益得到保证，就要管控好人力资源的工资，因为施工人员的工资是工程成本管理中的重要内容之一，其对工程造价管理等有着一定的影响。因此，施工管理者要重视人员工资，保证施工人员的工作质量、效率。

4. 重视安全经营管理

除了上述内容，对于水利水电工程来说，施工现场的安全经营管理也十分关键。因为水利水电工程会应用很多的电气设备，倘若操作人员未结合标准来使用，则不仅会使工程实施受到影响，还会使人员的生命安全受到威胁。因此，管理者一定要重视安全管理，提升安全意识，同时，在施工过程中，还会有灾害、极端天气等，倘若管理者未对这一地区的自然环境等进行研究，就会使施工风险加大。因此，管理者要有效地管控好自然灾害等，使安全事故发生的概率降低，从而使工程的安全管理水平得以保证。

当前大多数水利水电工程都与经营管理理念、方式等有着重要的联系，因此，施工管理者不仅要对这些给予正确的认识，还要及时优化、完善现有的经营管理体系，对新型管理方法的使用给予重视，这样才能为水利水电工程的平稳开展打下坚实基础。针对工程施工过程中存在的问题及困难，施工管理者要详细分析产生这些问题的根源以及原因，同时与工程具体情况有机联系在一起，制定合理的、科学的解决方案，从而降低工程施工过程中的不利因素，使工程质量不受影响。这样在今后的发展过程中，会有其他高效的经营管理在这一工程中得到应用，这样才能为国家建设的有效开展创设良好的条件，打下坚实的基础。

第三节　水利水电工程施工分包管理

随着水利水电工程项目分包比重的逐渐加大，各种不规范分包现象时有发生。在工程招投标及执行合同过程中，应该从合同管理、资质审查等方面着手，加强分包队伍和工程分包管理，以保证整个工程项目的安全运行。鉴于此，本节从不同角度针对水利水电工程施工分包管理展开了一系列分析，希望可以为同行的研究带来一些参考。

水利水电工程分包对于建筑行业组织结构的优化起到了非常重要的作用，是提高生产效率的需要。工程分包管理直接影响企业的信誉及经济效益，慎重选择是分包管理工作中的关键环节，重点要将分包队伍选择关把好，同时进一步规范分包合同管理，不断规范分包队伍管理和建设。

一、水利水电工程施工分包简析

随着近年来建筑业项目管理体制改革的进一步发展，建筑业中劳务层和管理层开始不断分离，这种情况下大量建筑劳务队伍开始出现，建筑业开始初步形成了现有的企业组织结构形式。该组织结构以专业施工企业为骨干，以施工总承包为龙头，以劳务作业为依托，这种组织结构形式是面向未来的建筑行业组织结构，是大型水利水电企业充分利用社会资源的需要。

随着水利水电工程建设市场的不断繁荣，大量分包开始出现，施工队伍总承包及分包组织形式开始逐渐走向成熟。相关资料表明，近年来水利水电工程专业分包呈现大幅增长的趋势，有一些企业已经达到70%，对于总承包单位来说选择和管理分包单位非常重要。由于合同的全部责任都需要总承包单位来承担，如果可以将分包单位选择好、管理好，那么就可以为工程施工任务的全面完成提供保障；如果选择不好、管理不好，将会面临施工进度落后，安全和质量得不到保证等一系列问题。所以，工程分包管理直接关系到建筑企业的信誉及经济效益。

（一）水利水电工程项目法人分包管理职责

1.转包和违法分包的法律法规限制

转包和违法分包在《中华人民共和国民法典》合同编、《中华人民共和国建筑法》及《建设工程质量管理条例》中均有明确的规定。国家有关法律法规是禁止转包，虽然不禁止分包，但对分包的管理有关主管部门是有具体规定的，如果分包行为违反具体规定，则是违法分包。

2.项目法人分包管理职责的要求

项目法人在履行分包管理职责时应注意以下几点：

（1）水利部负责全国水利建设工程施工分包的监督管理工作。

（2）各流域机构和各级水行政主管部门负责本辖区内有管辖权的水利建设工程施工分包的监督管理工作。

（3）水利建设工程的主要建筑物的主体结构不得进行工程分包。主要建筑物是指失事以后将造成下游灾害或严重影响工程功能和效益的建筑物，如堤坝、泄洪建筑物、输水建筑物、电站厂房和泵站等。主要建筑物的主体结构，由项目法人要求设计单位在设计文件或招标文件中明确。

（4）在合同实施过程中，有下列情况之一的，项目法人可向承包人推荐分包人：

①由于重大设计变更导致施工方案重大变化，致使承包人不具备相应的施工能力；

②由于承包人原因，导致施工工期拖延，承包人无力在合同规定的期限内完成合同任务；

③项目有特殊技术要求、特殊工艺或涉及专利权保护的。

如承包人同意，则应由承包人与分包人签订分包合同，并对该推荐分包人的行为负全部责任；如承包人拒绝，则可由承包人自行选择分包人，但须经项目法人书面认可。

（5）项目法人一般不得直接指定分包人。但在合同实施过程中，如承包人无力在合同规定的期限内完成合同中的应急防汛、抢险等危及公共安全和工程安全的项目，项目法人经项目的上级主管部门同意，可根据工程技术、进度的要求，对该应急防汛、抢险等项目的部分工程指定分包人。因非承包人原因形成指定分包条件的，项目法人的指定分包不得增加承包人的额外费用；因承包人原因形成指定分包条件的，承包人应负责因指定分包增加的相应费用。

由指定分包人造成的与其分包工作有关的一切索赔、诉讼和损失赔偿由指定分包人直接对项目法人负责，承包人不对此承担责任。职责划分可由承包人与项目法人签订协议明确。

（6）发包人或其委托的监理单位要对承包人和分包人签订的分包合同的实施情况进行监督检查。

（二）水利水电工程承包单位分包管理职责

1.法律、法规对转包、分包的限制

转包是指承包单位承包建设工程，不履行合同约定的责任和义务，将其承包的全部建设工程转给他人或者将其承包的全部建设工程肢解以后以分包的名义分别转给其他单位承包的行为。禁止转包是因为转包容易造成承包人压价转包、层层扒皮，使最终用于工程的费用大大减少，以致影响工程质量或给工程留下质量隐患。转包也破坏了合同关系应有的稳定性和严肃性，违背了发包人的意志，损害了发包人的利益。合法的分包在有关的法律法规和规章中是许可的。

根据上述规定，施工单位可以在投标时提出分包，也可以在施工过程中提出分包。如果招标人在招标文件中载明部分工程可以分包，投标人可以在投标文件中载明准备分包或不准备分包该工程。如果招标人在招标文件中没有禁止分包，投标人也可以在投标文件中提出分包的方案。

2.承包单位分包的管理职责

承包人是指已由发包人授标，并与发包人正式签署协议书的企业或组织以及取得该企业或组织资格的合法继承人。承包单位在履行分包管理职责时应注意以下几点：

（1）施工分包，是指施工企业将其所承包的水利工程中的部分工程发包给其他施工企业，或者将劳务作业发包给其他企业或组织完成的活动，但仍需履行并承担与发包人所签合同确定的责任和义务。

（2）水利工程施工分包按分包性质分为工程分包和劳务作业分包。其中，工程分包，是指承包人将其所承包工程中的部分工程发包给具有与分包工程相应资质的其他施工企业完成的活动；劳务作业分包，是指承包人将其承包工程中的劳务作业发包给其他企业或组织完成的活动。

（3）工程分包应在施工承包合同中约定，或经项目法人书面认可。劳务作业分包由承包人与分包人通过劳务合同约定。

（4）承包人和分包人应当依法签订分包合同，并履行合同约定的义务。分包合同必须遵循承包合同的各项原则，满足承包合同中技术、经济条款。承包人应在分包合同签订后7个工作日内，送发包人备案。

（5）除发包人依法指定分包外，承包人对其分包项目的实施及分包人的行为向发包人负全部责任。承包人应对分包项目的工程进度、质量、安全、计量和验收等实施监督和管理。

（6）承包人和分包人应当设立项目管理机构，组织管理所承包或分包工程的施工活动。

项目管理机构应当具有与所承担工程的规模、技术复杂程度相适应的技术、经济管理人员。其中项目负责人、技术负责人、财务负责人、质量管理人员、安全管理人员必须是本单位人员。

（7）禁止将承包的工程进行转包。承包人有下列行为之一者，属转包：

① 承包人未在施工现场设立项目管理机构和派驻相应管理人员，并未对该工程的施工活动（包括工程质量、进度、安全、财务等）进行组织管理的；

② 承包人将其承包的全部工程发包给他人的，或者将其承包的全部工程肢解后以分包的名义发包给他人的。

（8）禁止将承包的工程进行违法分包。承包人有下列行为之一者，属违法分包：

①承包人将工程分包给不具备相应资质条件的分包人的；

②将主要建筑物主体结构工程分包的；

③施工承包合同中未有约定，又未经项目法人书面认可，承包人将工程分包给他人的；

④分包人将工程再次分包的；

⑤法律、法规、规章规定的其他违法分包工程的行为。

（9）禁止通过出租、出借资质证书承揽工程或允许他人以本单位名义承揽工程。下列行为，视为允许他人以本单位名义承揽工程：

①投标人法定代表人的授权代表人不是投标人本单位人员；

②承包人在施工现场所设项目管理机构的项目负责人、技术负责人、财务负责人、质量管理人员、安全管理人员不是工程承包人本单位人员。

（10）本单位人员必须同时满足以下条件：

①聘用合同必须由承包人单位与之签订；

②与承包人单位有合法的工资关系；

③承包人单位为其办理社会保险关系，或具有其他有效证明其为承包人单位人员身份的文件。

（11）设备租赁和材料委托采购不属于分包、转包管理范围。承包人可以自行进行设备租赁或材料委托采购，但应对设备或材料的质量负责。

（三）水利水电工程分包单位管理职责

水利工程施工分包按分包性质分为工程分包和劳务作业分包。工程分包，是指承包人将其所承包工程中的部分工程发包给具有与分包工程相应资质的其他施工企业完成的活动；劳务作业分包，是指承包人将其承包工程中的劳务作业发包给其他企业或组织完成的活动。分包单位（分包人）是指从承包人处分包某一部分工程或劳务作业的企业或组织。分包单位在履行分包管理职责时应当注意以下几点：

（1）承揽工程分包的分包人必须具有与所分包承建的工程相应的资质，并在其资质等级许可范围内承揽业务。

（2）在合同实施过程中，有下列情况之一的，项目法人可向承包人推荐分包人：

①由于重大设计变更导致施工方案重大变化，致使承包人不具备相应的施工能力；

②由于承包人原因，导致施工工期拖延，承包人无力在合同规定的期限内完成合同任务；

③项目有特殊技术要求、特殊工艺或涉及专利权保护的。

如承包人同意，则应由承包人与分包人签订分包合同，并对该推荐分包人的行为负全部责任；如承包人拒绝，则可由承包人自行选择分包人，但需经项目法人书面认可。

（3）项目法人一般不得直接指定分包人。但在合同实施过程中，如承包人无力在合同规定的期限内完成合同中的应急防汛、抢险等危及公共安全和工程安全的项目，项目法人经项目的上级主管部门同意，可根据工程技术、进度的要求，对该应急防汛、抢险等项目的部分工程指定分包人。因非承包人原因形成指定分包条件的，项目法人的指定分包不得增加承包人的额外费用；因承包人原因形成指定分包条件的，承包人应负责因指定分包增加的相应费用。

（4）由指定分包人造成的与其分包工作有关的一切索赔、诉讼和损失赔偿由指定分包人直接对项目法人负责，承包人不对此承担责任。职责划分可由承包人与项目法人签订协议明确。

（5）分包人应当按照分包合同的约定对其分包的工程向承包人负责，分包人应接受承包人对分包项目所进行的工程进度、质量、安全、计量和验收的监督和管理。承包人和分包人就分包项目对发包人承担连带责任。

（6）分包人应当设立项目管理机构，组织管理所分包工程的施工活动。项目管理机构应当具有与所承担工程的规模、技术复杂程度相适应的技术、经济管理人员。其中项目负责人、技术负责人、财务负责人、质量管理人员、安全管理人员必须是本单位人员。

（7）禁止通过出租、出借资质证书承揽工程或允许他人以本单位名义承揽工程。下列行为，视为允许他人以本单位名义承揽工程：

①投标人法定代表人的授权代表人不是投标人本单位人员；

②承包人在施工现场所设项目管理机构的项目负责人、技术负责人、

财务负责人、质量管理人员、安全管理人员不是工程承包人本单位人员。

(8) 本单位人员必须同时满足以下条件:

① 聘用合同必须由承包人单位与之签订;

② 与承包人单位有合法的工资关系;

③ 承包人单位为其办理社会保险关系,或具有其他有效证明其为承包人单位人员身份的文件。

(9) 分包人必须自行完成所承包的任务。禁止分包人将工程再次分包。

二、水利水电工程分包存在的问题

(一) 工程分包和劳务分包监管不力

目前工程分包资质滥用现象十分严重,水电建设行业中有很多资质不够的小型施工队伍混入,这些施工队伍和第三方签订合同,履行工程分包商的义务,还有非法转包及违法分包等现象大量存在。目前有很多分包队伍的质量、管理水平及技术能力都不能与工程建设需求相符合,他们主要依赖主承包商的管理。

(二) 分包方选择不规范

现阶段很多主承包方并没有建立起资源共享体制,多数情况下以项目经理为政,而分包方则听从项目经理的指挥,分包商的选择主要由项目经理决定,这种现象目前非常普遍。这种情况下对分包方选择的范围被限制,其市场化程度也不高,还有一些项目在评审工作中缺少规范性,没有针对新引进的分包方进行详细的考察,很多分包队伍的素质并不高,这对工程主合同的顺利履约产生了不良影响。

(三) 分包工程履约过程监督力度不强

目前各水电大型企业都存在人员配备不足的问题,很多项目的规模非常大,其人员分布比较分散,加上工作面多,很多主承包商为了获得更大的经济效益,直接降低了管理成本,因此出现了工程管理力量不足等问题,出现了严重的"以包代管"现象。如果监理和业主因为合同内工程问题受到了处罚，往往会将罚款转加给劳务分包人。

(四) 总承包人和分包人之间合同纠纷频繁

总承包人与分包人之间之所以产生合同上的纠纷，主要原因可以从以下几方面来分析：

(1) 各企业在签订分包合同时会被迫接受一些不公平条款。

(2) 签订合同不及时，为了抢工期，分包人会及时组织人员开始施工，然后再协商单价。

(3) 因为管理不善，分包人的利益会受到损失，一旦遭受亏损，分包人会降低产品质量，或者利用各种借口变更合同。

三、加强施工分包管理的对策与措施

(一) 加强工程合同管理

监理和建设单位应严格按照合同内容，严格监管施工合同分包情况，对工程允许分包范围进行严格控制，并制定出工程分包管理办法，对分包合同审批制度进行严格的执行，落实谁审批谁负责的原则，建立分包管理台账。

分包合同条款的编制一定要严格，不断完善分包合同范本，并对其进行强制推行，基于设备、合同及人员建立管理台账，并定期针对合同阶段及支付进行对比和分析，进一步加强项目部成本管理。此外，还要严格分包单价测算，分包商选用应朝着公开化、市场化的方向发展，注意及时签订合同，并在合同中明确工程建设目标及管理办法。

劳务分包的推行是很有必要的，但是施工过程中会需要很多大型的机械和工具，这些机械和工具还要由主承包方管理，并对工程分包和租赁分包进行限制，不能进行"提点式"转包。这不仅对主承包方的管理非常有利，可以帮助其增强对项目的掌控，同时主承包方也更容易对分包价格进行控制，有利于经济效益的提高。

(二) 分包方选择要公开，将"准入关"把好

发包方和主承包方都应按照相关法律要求，进一步明确分包商入场资

质要求，建立起履约资信再审查等相关制度，在选定分包商时应体现市场化的特点，针对分包队伍，对其安全生产许可证、营业执照及税务登记证等进行审查，同时加强市场调查，针对分包队伍的人员组成、工作业绩及工作实力等情况进行详细调查，不可以采用那些拖欠工资、发生劳务纠纷的队伍。此外，各主承包方应建立起信息档案，并将履约过程中的资信再评价等相关工作做好，严禁使用已经列入"黑名单"的队伍。

（三）建立规范有序的分包管理机制

主承包应该将相关法律及合同作为主要依据，中标之后及时编制出分包策划，对分包项目及模式进行确定，并制定订出详细的分包计划，经承建方审批以后才能开始实施。主承包方应对相关约定及管理义务进行正确的履行，按照发包方的要求及工程特点加大人员投入，建立起有序的管理机制，将其发送给不同分包方，并要求各分包方建立起合理的办法与制度，切实履行相关监督及管理职责。主承包方可以从识别分包风险开始着手，制定出风险防范及控制预案，并对各项防范措施进行认真的落实，重视不同分包商履行合同的进展情况，并按照实际需要对风险控制预案进行落实。

（四）建立健全考核及奖惩制度

发包方和监理方应针对各分包商人员设备投入建立台账，并按照合同要求督促承包商进行及时地调整，增加管理和技术人员的比例，保证履约的有效性。同时，还要针对承包商建立质量、安全及考核等台账，对相关数据进行及时地收集，并进行对比分析，及时清退"老大难"分包队伍，并将分包商履约过程中的相关管理工作做好。此外，主承包方还应有针对性地建立考核及奖惩制度，不能简单地将因为自身原因造成的亏损转嫁给各分包方，还要树立示范队伍和先进典型，提高分包队伍履约的主动性，营造良好的竞争氛围。

综上所述，随着近年来我国水利水电工程项目管理水平的不断提高，工程分包管理获得了极大的进步，但是项目建设需要和经济发展上还存在很大差距，怎样对现有分包法律法规进行优化，切实改变分包商的经营理念，形成良好的竞争氛围，还需在未来的工作中进行不断地探索和研究。

第四节　水利水电工程施工管理中锚杆的锚固和安装

随着我国经济的发展，高楼大厦拔地而起，因此，一些隧道、边坡加固的工程也越来越多，而在水利水电工程的施工管理中，锚杆的锚固和安装在施工过程中有很大的作用，施工质量的好坏也将影响着整个工程好坏。

作为国家的基础设施，水利水电工程属于我国主要的发展项目，其中水利水电工程的施工是项目的核心问题，而水利水电工程的施工管理是整个项目完成的关键要素。所以在水利水电工程中，施工管理存在很多特点：其复杂的自然环境使其施工难度增加；工程较大也会因时间问题受到市场经济的影响。由于外在因素过多，每个位置锚杆的锚固和安装在工程中就显得尤为重要，在水利水电工程中，因环境因素带来的风险最为常见，所以在对锚杆的锚固和安装上也要采取特别的方式。

一、锚杆的选材

按照设计方案选取相对优质的材料，每一批材料都要进行检查，确保质量合格后才可以进行采购和施工。首先确定锚杆的类型，根据不同的环境，使用的锚杆类型也有所不同，比如明挖边坡，需采用水泥砂浆全长注浆的锚杆或者是水泥卷锚杆，当成永久性支护和对施工初期支护的锚杆，属于自进式锚杆；还有一种就是在地下洞室支护所使用的锚杆，是选取楔块或胀壳及树脂等辅助物品进行两端的锚固，用于建筑施工临时性的支护，属于药卷锚杆。对于锚杆材料上的选材，要根据建筑的环境按照施工图纸上要求，选取建筑物所需要的材质，对其他辅助材料，如水泥、水泥砂浆、砂、树脂，还有一些外加剂都要进行严格地控制，在合格的前提下，必须按照图纸上对应的要求数量及比例进行融合，以此保证锚杆的锚固力和锚固效果。

二、施工前准备

认真分析施工图纸，熟悉相关施工技术方案，在进行锚固前，准备好施工材料等相应设备，对安全设备等也要进行认真检查，有应对突发状况的措施，根据现场的需要，设置一定的安全防护，对工作人员进行安全保护，从而使工作有效地进行。现场对锚杆进行施工前，还会对锚杆进行试验工作：多准备几组砂浆配合比，进行分析实测，挑选出最合适比例的，根据现场的需求进行注浆，并对其养护，随后检验注浆的密实度。

当锚杆进行锚固时，要对周围的环境进行考察，对周边有碎石、边坡等情况进行安全处理，结合对周围环境的勘测判断周围的稳定状态，以便及时进行调整，避免有人在锚固和安装过程中受伤。不同类型的锚杆要求也不尽相同，会因周围环境等外在因素导致压力等技术参数的不同，因此，也要分别进行实测处理，根据检验报告采取合适的方法再进行施工。对于水利水电工程常用的砂浆锚杆，以砂浆作为锚固剂。这种锚杆安装便捷，但要注意的是锚固力不是很强，所以在施钻时，一定要选用符合要求的钻头，钻孔点也要有明显的标志，为了减少开孔位置上出现的偏差，应在锚杆孔的孔轴方向上。对孔面的平行或垂直，对滑动面的倾斜角度，图纸上都有一定要求，必须按要求执行，深度上也会有一定的数值，偏差率不能超过其规定范围。钻孔结束后，对每一个钻孔都要进行认真的检查及处理，利用水或风力进行清洁，结束后对钻孔进行密封，在锚杆安装时，对钻孔再一次检查，确保其内部清洁。对于钻孔直径上的要求，要根据锚杆的直径进行划分，锚杆的直径越大，钻孔口的直径也越大，而钻头的直径更大。

三、锚杆的安装

锚杆分为很多种，不同的锚杆，其安装方法也有不同。①胀壳式锚杆在安装前，需要对锚杆的临时构件进行锚固，以保证锲子能够正常滑行，在锚杆进入一定的深度时，及时地按照扭矩要求拧紧锚杆，而树脂卷端头锚固的锚杆，因为对树脂卷存放有要求，所以保存不当会影响树脂卷的使用。所有锚杆在安装前，都应先用杆体测量钻孔深度，标记好相应位置，再用锚杆把树脂卷送到固定位置上，并搅拌树脂卷，然后安装。倒楔式锚固锚杆在安装前，为了防止安装时的脱落，必须打紧锚块，楔形块体也要在锚杆的三分之二处捆紧，安装完成后及时上好托板，拧紧螺帽。②楔缝式锚杆在安装过程中，一定要注意楔子不能够偏斜，完成后如倒楔式锚杆一样要及时上好托板，拧紧螺帽。在进行锚固时，锚杆孔的位置一定要准确，尽量零误差，若出现不可避免的误差，误差率要控制在一定的数值内，孔的深度上要与锚杆长度一致，按照锚杆的长度进行打孔，打好后，将孔内的积水、碎石等物体处理干净，钻孔到需要深度时，用水或空气对孔进行清洁处理，并检查孔是否畅通。如需要木点柱打设，也要注意其工作间距和位置，并且在木点柱打设的位置选择上，也有一定的要求。锚杆的注浆，要按照一定量的配合比，在其规定的范围内进行注浆，如超过规定范围，浆液将失去本身的作用，需再重新调配浆液，然后根据插杆的先后顺序依次进行注浆，注意在其砂浆凝固前，不能随意破坏锚杆。在角度方面，需根据锚杆的长度予以倾斜，锚杆插送的方向也要与钻孔的方向相同，利用人工插送适当地进行旋转。插送的过程中，速度要有一定的控制，不能太快，要匀速缓慢地进行，无论是先注浆还是先插锚杆，在灌浆过程中，都要注意是否有浆液从锚杆附近流出，如有流浆情况，立即进行填堵，搅拌的浆液也必须在一定的时间里使用，如遇到灌浆中断情况，立即停止灌浆，按照最初的进度进行处理，重新安装锚杆，最后采用锚固剂封孔。

四、锚杆的锚固

采用对锚杆注浆的方式进行锚固，首先要检查注浆的机器以及配件是否准备完好，机器的运作是否正常，进行注入的水泥砂浆或水泥浆的密度、湿度等是否符合锚杆的要求。利用水或者空气对钻孔进行清洁处理后，调节水和水泥浆水灰等的比例，而从机器中出来的砂浆，一定要均匀，保证没有粒砂或凝结块的出现。然后把锚杆和注浆管连接，向钻孔中灌注，一次性地完成，如果过程中出现注浆管被堵住，立即停止注浆，对注浆管进行清洗处理，关闭机器，待机器完全停止运转时，分开连接处，卸下各处接管，对钻孔进行重新清洁处理后，再次进行灌注。当对一根锚杆进行注浆完成后，立即分离注浆管和锚杆，清洗接头，然后安装在下一根锚杆上，再进行注浆。在对钻孔进行灌浆的整个过程中，工作人员之间要有良好的配合，完成灌浆任务。在浆液凝固前，确保锚杆不被随意破坏。在锚杆用作支护时，控制少量的倾斜度，外漏的部分需要有东西来当成锚固的支撑。

五、注浆锚杆的质量检查

首先是锚杆材质的检查，根据工程设计方案，保证每条锚杆都是合格的产品，施工者要按照施工图纸上的材料进行采购，并让生产商提供质量合格证明，采取抽查方式，检测锚杆的质量。对注浆工艺上的检测，在进行钻孔灌浆前，寻找与现场使用锚杆直径、长度等相同的钢管或塑料管等成本相对较低的物品，与现场注浆材料相同的砂浆采取相应比例进行拌制，按照现场灌浆的步骤进行实测，再用同样的方法养护观察一周，再观察其密度和锚固情况，对类型长度不同的锚杆分别进行实测，并将实验报告加以分析，采取最适合的灌浆方法进行实际施工。其次对钻孔的大小，也要选取合适的规格进行实测后方可进行施工，对锚杆长度、砂浆密度等要采取无损的检测方法，使其达到规定的范围内，最后进行锚固试验，观察其效果，使其最后拉力方向与锚杆轴线一致。

六、锚杆的验收

在对上述情况进行有效的测验、抽查后，工作人员每一项的实验记录和抽查结果都要进行记录，上交给监理人员，在监理人员进行核查，方案可实行后签字并验收，才可以进行工程的实施。

在水利水电工程施工管理中，锚杆的锚固和安装都对工程有着很大的影响，锚杆和锚固安装的优良度对整个工程的完成起到很重要的保障作用。所以，无论是监理人员，还是工程承包人，都应该重视水利水电工程施工中的管理制度，重视锚杆的锚固和安装，在其质量上严格把关，若出现注浆等问题，及时采取相应的措施，认真对待每一步注浆过程，工作人员也要有及时的应对措施。施工的水平和态度都是对工程质量的保证，端正态度，也是做好工程的重要步骤。

第三章　水利水电工程安全问题及措施

第一节　水利水电工程施工的安全隐患

水利水电工程由于施工周期较长，安全管理相对复杂，所以发生安全隐患的危险系数也很大，一旦发生了安全事故，就可能给财产带来严重损失，甚至威胁人们的生命安全。本节简述了水利水电工程施工的主要特征，对水利水电工程施工存在的安全隐患和对策进行了探讨分析。

一、水利水电工程施工的主要特征

水利水电工程施工的主要特征表现为两个方面。一是施工环境的复杂性。水利水电工程建设主要集中在水电、引水灌溉等方面，这些工程一般处于交通不便、环境较为复杂的山地、丘陵或者农村地区，施工过程中要面对难以想象的困难和意想不到的阻碍，施工环境的复杂性给施工现场的安全管理带来新的挑战。二是施工过程的复杂性。水利水电工程一般规模较大，是一项复杂的、系统的建设工程，在施工过程中需要大量的人力、机械和建设材料，并且施工过程中人员、车辆、物资都是流动的，在施工过程中很难对其进行有效地控制，若不重视施工现场的安全管理，很容易引起安全事故，造成重大经济损失，更有可能影响工程进度。

二、水利水电工程施工存在的安全隐患分析

水利水电工程施工存在的安全隐患主要有以下方面。

（一）施工对象复杂存在的安全隐患

水利水电工程建设的施工对象繁多复杂，不同的工程要面对不同的施工对象，甚至在一个工程当中施工对象的单项管理也是多变的。如土石开

挖、高空施工、地质灾害预防等，涉及施工地点周围的边坡支护问题、机械车辆的运输安全问题等。施工对象的复杂性所带来的安全管理问题远比想象的要多得多，如果不能对这些施工对象进行有效地管理控制，就会留下巨大的安全隐患。

(二) 露天施工存在的安全隐患

水利水电工程建设多数情况下是在露天条件下进行的，施工面积大，根本不能进行更有效的封闭隔离，这种情况下，警示牌和安全管理人员对机械和人员之间的流动实际上没有太多的限制。而一些施工行为如果稍不注意便可以造成安全事故，如在爆破的过程中产生碎石飞散，如有施工车辆机械、人员材料不小心进入爆破作业区，很可能发生安全事故。

(三) 施工调度存在的安全隐患

在水利水电工程建设过程中，施工调度是组织实施施工工作的重要环节，也是安全管理的重要措施。由于水利水电工程施工并不是在同一地点，而是多个施工地点共同开工，因此，人员、车辆、机械、物资都在不同施工地点之间流转，导致安全隐患比较大。

三、水利水电工程施工安全管理的对策分析

(一) 制定和落实安全管理制度

安全管理制度应该包括施工安全管理组织、施工安全调度、施工安全应急系统等，安全管理制度要尽可能地详细。此外，必须真正落实到施工过程当中，必须明确安全管理制度的主要责任人，从投资方到施工方，再到施工的现场组织管理，将安全管理制度层层落实到每一个人，形成严密地贯穿于水利水电工程建设施工的安全管理体系，切实将安全管理要求落到实处，并在现场设质量安全员，赋予相应安全管理权力，包括违章作业制止权、严重隐患停工权、经济处罚权、安全一票否决权，保证其有效行使职责。在组建施工队伍、施工班组时，应选择技术过硬、安全质量意识强的人员，对于特种作业人员、危险作业岗位，应严格培训，持证上岗。

（二）实行标准化安全管理工作

标准化安全管理工作是当前安全管理的一个重要的发展趋势，已经在很多水利水电工程建设实践中得到运用，并取得了很好的效果，因此在安全管理当中应该坚持运用标准化管理。要实现这一目的，就必须做到项目施工中应将施工对象，作业人员及作业程序，安全注意事项及安全措施均执行标准化要求和规定，使作业人员在施工前和施工的每时每刻都能做到施工地点明确，施工对象明确，工作要求明确，安全注意内容明确，杜绝了因情况不清、职责不明、盲目施工导致的安全隐患。

（三）加强安全管理监督工作

突出施工重点环节的安全管理。在施工安全管理当中要重点突出，主次结合，集中力量解决安全管理工作中的主要矛盾，关键施工对象和关键施工工作作为安全管理工作的重中之重，只有这样才能抓住安全管理工作的主要矛盾。安全管理的重点内容主要包括导流洞、引流洞的封堵施工工作、土石方开发或爆破施工、高空作业或者复杂地质条件下的施工作业等。重要施工程序主要包括大型砼浇筑环节、大坝或引水闸高空钢筋焊接加工、土石方吊装装运、砂石料的高空吊装上浆等环节。对于这些重点工作和重点管理环节，要实行专人负责、专人定岗、专人复查的管理措施。强化作业现场的安全管理。作业现场的安全管理是水利水电工程安全管理的归宿，上面一切管理举措都只是为作业安全管理服务的，作业现场的安全管理主要集中在以下几点：第一，禁止无证上岗。在水利水电工程施工过程中涉及许多特种作业工种，如铲车、吊车、塔吊、电工、焊工等，对于这些有着特殊要求的工种，要坚决实行持证上岗，严禁无证上岗的情况出现。相关人力资源管理部门在招聘时，应该对相应工种的施工人员的证书情况进行核实。第二，在施工环节的交替过程中做好安全防护。在施工过程中一个施工程序完毕进入下一个施工程序的时候，要特别注意安全控制的"预警关"，做好程序的收尾工作，以避免给下一道施工工序留下安全隐患。第三，要尽量避免深夜加班和疲劳作业现象的出现。由于水利水电工程建设工期紧，很多施工单位需要加班，但是加班时间最好不要超过四个小时，需要深夜加班的时候要实行轮班，并做好夜间照明和防护工作，再者要给予施工人员充足的休息时间，避免疲劳作业。

水利水电工程可以有效控制和节约水资源及进行发电，很大程度上减少了洪涝灾害给人们带来的损失，同时可以为人们提供电力资源。因此，为了充分发挥水利水电工程的功能，必须加强对水利水电工程施工存在的安全隐患及其对策进行分析。

第二节　水利水电工程本质安全化建设

水利水电工程建设安全管理涉及面广、影响因素多，是一个复杂、综合的系统，其安全管理目标是实现人、机、环境、管理系统本质安全化。水利水电工程建设本质安全化是安全生产管理预防为主的根本体现，也是安全生产管理的最高境界。水利水电工程建设本质安全化，对保护人员生命安全、减少财产损失、提升企业形象具有重要意义。

一、本质安全化建设内容

(一) 本质安全化建设概念

在水利水电工程建设过程中，施工现场危险、有害因素很多，加之施工人员安全素质不高，容易导致施工现场事故频发，造成人员伤亡和财产损失。因此，在工程建设过程中采取必要的手段以提高工程施工的本质安全水平势在必行。

本质安全化建设是通过对建设过程中涉及的人、机、环境、管理四方面要素的控制，使各种危险有害因素控制在可接受的范围内，从而达到规避安全生产风险，避免和减少生产安全事故的发生，实现工程建设的本质安全。

水利水电工程本质安全化是"预防为主"思想的根本体现，也是安全生产管理的最高境界。水利水电工程本质安全化的目的是通过有效控制危险源，全面配置安全防护设施等手段，最大程度消除事故隐患，提高施工现场安全管理水平，减少人为不安全行为的发生，从而降低施工过程中事故发生的可能性和事故的严重程度。

（二）本质安全化建设重点内容

事故致因理论表明，人、机、环境、管理是事故致因的主要因素。实践表明，从人、机、环境、管理等方面考虑进行本质安全建设是切实可行的方法。在许多工程建设实践（包括水利水电工程建设）中，一些大型施工企业已摸索出许多效果比较理想的本质安全化建设方法。这些方法主要集中在对人、机、环境、管理等要素的控制，包括多媒体安全培训、作业安全行为规范化、现场安全可视化、安全设施标准化、危险源辨识与控制、安全文明施工、安全管理信息化等。这些方法也是水利水电工程本质安全化建设的主要手段。

在水利水电工程本质安全化建设过程中，应根据工程和施工特点，重点考虑强化危险源管理、危险区域有效隔离、全面的个人防护和科学的人因控制体系等方面的建设。

1. 强化危险源管理

水利水电工程建设施工现场危险源较多，如电气设备、高处落物、脚手架、机械设备、滑坡等，加强现场危险源管理，是避免事故发生的关键环节之一。因此，应全面识别施工现场危险源，采取有效控制措施，避免出现事故隐患。危险源控制措施举例如下：

（1）电气设备采用三级漏电保护。

（2）防护栏杆加踢脚板，防止石块、工具、物料落下伤人。

（3）加强脚手架的验收与运行管理，明确运行安全责任人，负责在脚手架验收后进行经常性检查，及时发现和消除在施工过程中脚手架出现的隐患。

（4）应划定滑坡等危险区域，并做好危险源警示标志，标明可能造成的危害后果以及应急措施等。

2. 危险区域有效隔离

水利水电工程建设施工现场危险区域较多，如高处临边、孔洞、爆破区域等，需采取有效措施进行隔离，防止人员进入而造成危害。危险区域隔离措施举例如下：

（1）凡是高处临边处必须设防护栏杆，如需经常上下，还应设固定钢梯，作为安全通道。

（2）所有孔洞应设结实的盖板，如孔洞较大，不便于搭设盖板，应设防护栏杆。

（3）交叉施工的出入口，应搭设结实的顶部防护安全通道。

（4）爆破区域设置警戒线，出入口专人看守，并设警示旗等。

3. 全面的个体防护

水利水电工程建设施工现场危险有害因素较多，施工人员始终存在发生意外的危险，尤其是某些高危作业危险性更大，因此要求施工人员必须进行全面的个体防护，构筑最后一道防线。全面个体防护措施举例如下：

（1）高处作业双保险，配置两条安全绳，防止高处作业人员因上下移动时无保护而造成坠落事故。

（2）高处平台作业需要经常水平移动时，水平方向配置一条母绳，将安全带系好，防止因水平移动时无保护而造成坠落。

（3）个体防护装备配置齐全，凡是进入施工现场人员必须严格按照要求配置个体防护装备，进场人员均应戴安全帽等。

二、人的本质安全化建设

在事故致因中，人的因素是最关键的，人的本质安全化建设的目的就是杜绝人的不安全行为。在水利水电工程施工建设中，管理因素、环境因素、设备因素、社会因素以及工人的心理因素、身体因素、技能因素、教育因素等往往是导致不安全行为出现的主要因素。其中，心存侥幸、急功近利、明知故犯、盲目无知的心理状态，不健康的身体状态，不合格的操作技能和安全技能，违章管理和教育培训的缺乏等又是主要原因。在人的本质安全化建设过程中，主要采取强化安全教育培训的方式、人员不安全行为控制与管理的方式来提升人的安全作业能力。多媒体安全培训、作业行为安全规范化和现场安全可视化是常用的有效方法。

三、机的本质安全化建设

机的本质安全化建设的根本目的是消除和避免机器、设备的不安全状态，也就是控制危险源和消除事故隐患。除了常规的从工艺、技术角度考虑提升物的本质安全水平外，安全检查、事故隐患排查与治理是提升本质安全水平的主要常规手段。此外，安全设施标准化建设和危险源辨识与控制在很大程度上能够进一步提升物的本质安全化水平，也是较常采用的手段。

四、环境的本质安全化建设

环境的本质安全化建设内容与人、机的本质安全化建设内容存在交叉，譬如现场安全可视化、安全设施标准化等也包含环境的本质安全化建设内容。安全文明施工是环境的本质安全化建设的主要方面，也是被广泛使用的一种手段。

水利水电工程建设现场环境及施工条件较为复杂，要长效保持安全文明施工处于较好水平，结合工程建设的规模、技术、环境等特点，进行工程安全文明施工策划是最有效的手段。通过安全文明施工的策划，做到"设施标准、环境整洁、行为规范、施工有序、安全文明"，创建水利水电工程建设安全文明施工一流现场，树立安全文明施工品牌形象工程，为各项安全控制目标顺利实现创造条件。

根据不同企业实施的安全文明施工策划情况来看，安全文明施工策划内容存在较大差异，基本可以分为两类：综合性的安全文明施工策划和专项的安全文明施工策划。

五、管理的本质安全化建设

(一) 安全生产管理体系

水利水电工程建设项目建设周期长短不一，涉及项目法人、勘察设计单位、监理单位和多家施工企业等单位，再加上工程建设周边环境条件差，使得工程建设安全生产管理一直是管理的重点和难点。尽管施工企业一般都建立了安全管理体系，并通过培训来提高安全管理水平，但对具体工程项目依然存在业主、监理、施工企业责任定位不清、管理流程不具体等问题，工程建设管理混乱的现象也时有发生。因此，针对具体工程建设项目，项目法人一般会结合项目具体情况，对安全生产管理体系进行完善。

项目法人进行的安全生产管理体系完善一般以规范设计单位、施工企业、监理单位等安全生产活动为主要目的。主要依据安全管理体系标准和先进的安全管理方法，针对工程项目建立内容全面、管理科学、流程清晰的安全生产管理体系，明确业主、设计单位、监理单位和施工企业的安全管理职责和相互协调沟通工作记录形式，为工程项目提供有效的安全管理方法与手段。

（二）安全生产管理信息化

安全生产管理信息化建设是加强施工现场安全生产管理的一条重要途径。对于大型水利水电工程，加强安全生产管理信息化建设能够起到非常明显的效果。

1.安全生产管理信息系统

建立实现业主、监理、施工企业一体化管理的水利水电工程建设安全生产管理信息系统，实现安全管理各项业务的在线申报与审批，各类安全数据信息化管理。

2.封闭式多维现场安全监控平台

建立封闭式多维现场安全监控平台，利用计算机技术、监控设备、GPS技术、通信技术和物联网技术等现代科学技术，实现对水利水电工程建设现场的信息化安全监管。

第三节　水利水电工程安全控制

一、水利水电工程安全控制特征及重要性

水利水电工程建设施工规模庞大，对能源开发应用、持续发展建设创造了良好经济效益，同时也呈现出一定的危险性，例如一旦发生溃坝及高边坡失稳问题，则会造成严重的影响。同时工程深受季节环境的影响，因此需要我们注重季节变化及洪水危害，全面抓住合理时机，制定科学的计划安排，实施精密的施工管理与组织控制，方能有效地预防危机影响，科学做好防洪度汛管理。水利水电工程项目包括较多单项工程，同时各个作业工种、施工工序联系紧密，倘若引发安全事故，则牵一发而动全身，造成连锁影

响。同时工程施工建设自然环境相对恶劣，经常会遭遇山洪滑坡以及岩石崩塌、泥石流等灾害，施工人员通常居住在临时的简陋搭建物之中，不具备较强的灾害预防抵抗能力，因此增加了安全事故的发生概率。由此不难看出，做好水利水电工程安全控制尤为必要，我们只有根据其施工建设特征，制定科学有效的防控策略，方能降低灾害影响，提升生产建设效益，实现健康优质发展。

二、水利水电工程安全控制管理要点

为提升水利水电工程安全施工建设水平，应全面贯彻落实安全生产工作条例，执行行业相关法规，实施强制管理。应发挥监理工作核心作用，促进施工方全面建设安全生产管理组织系统，完善责任管理机制，做好安全生产培训教育，注重对各类分项分部项目的安全技术交底工作。

施工方应依据安全技术相关标准，全面落实各项安全管理防护措施，做好消防管理工作，在冬季应实施必要的防寒保暖，夏季则应做好防暑降温工作，并通过文明的施工管理、有效的卫生防疫营造优质的安全建设环境。应定期进行必要的全过程质量核查，一旦发现存在违规作业、冒险操作行为，应进行严厉查处并快速叫停，管控人员应上报相关单位并积极进行自我整改。对于相关安全生产的资料、数据及文件应注重全面汇总收集，涵盖许可凭证、营业执照、资质证明、监督管理书、生产机构布设、安全管理员工设置、责任机制与管理系统创建、规章制度明确、特种工人上岗凭证、管控状况、作业工种安全操作管理规程、施工应用设备设施安全技术参数与条件状况等。

对于施工组织设计工作中应用的各类安全措施及施工方案应进行全面审查，核准安全工作系统及专项人员的作业资格。对于引入的新工艺、环保节能材料、创新系统结构、新手段应做好安全方案的评估，并制定有效的防控措施。另外，应对各类安全管理设施的生产合格凭证、证明资料进行检验核查，应全面依据法律规范与强制管控标准实施科学管控。

三、水利水电工程安全控制方式策略

(一)做好现场调查,进行故障分析

为发现安全隐患,有效地弥补漏洞,应对水利水电工程作业现场进行深入调查研究,并利用积极的询问交谈、有效的查阅分析、细致的观察研究,掌握更多的外部信息,进行必要的研究,并真正明确危险源。另外,可科学编制安全检查相关表格,进行系统深入地评估与识别。可利用危险及操作性查验,对新型工艺技术存在的潜在危险实施必要的审查及管控,并快速地利用指导语句及标准格式探寻水利水电工程存在的工艺偏差,进行系统危险源的科学辨识,明确有效的管控策略。为提高故障分析判断逻辑性,可采用事件树及故障树进行研究,前者方式可探究初始成因,明确各环节问题的正常和非常态的变化因素,作出可能结果的全面预测,进行危险源的探究。故障树方式依据水利工程建设有可能引发或已经形成的事故进行研究,探寻相关因素、引发的具体条件以及产生的规律,进而辨别关键的危险源头。上述方式体现出了各自的固有特征,同时具备应用的条件范畴及一定的局限性。进行识别分析阶段中,应合理应用两类或更多的研究方式,进而确保结论的科学精准。

(二)完善监督核查,做好隐患处理

水利水电工程的安全管控,做好监督核查尤为重要。应针对相关技术证明、施工设计方案、安全物资证明材料、安全施工数据图表、仪器设备验收管理等材料进行详细的校验审核。同时,应明确施工建设人员、应用主体工具设施、操作方式、工艺技术、现场环境状况是否达到优质的等级,是否符合施工安全整体标准。倘若存在不良问题,应进行必要的纠正与管控。同时,对于一些重要性的工序环节、施工部位及作业生产活动,则应做好实时管理监督。例如应做好防护安全用品、模板、垂直运输建设、基坑项目、各个施工脚手架、起重装运设施、高空生产作业、专项仪器设备的安全管控与监督校验,并应配设完整全面的卫生急救设施,做好必要的旁站管理。如果发现存在问题,则应全面纠正、及时管控。在各类存在危险的现场通行位

置，应设置警戒标语，并配备红灯进行示警，预防导致意外事故的发生。旁站管理中，依据水利水电工程深基础作业、爆破处理、隐蔽施工、暗挖项目、起重拆卸处理等应加强巡视，并实施不定期的抽查检验。巡视管理不应限定在单一的部位或是施工工艺过程，管理范围应为现场各类生产安全的总体，同时可借助平行检验，依据相关比例做好管控评估。控制阶段中应有效分清属于通病问题或是顽疾所在，对于第一次呈现的不可抗力隐患问题则应通过良好的修订与安全建设的全面整改进行有效地预防。

（三）定期召开工地例会，做好教育培训与补救管理

为协调各方关系，确保各工种、单位的协同配合，应定期组织召开工地例会，有效应对分歧问题，达成良好的共识，并作出科学的决定。会议之中应就施工阶段中的安全管理状况、包含的不良问题进行意见交换，并明确有效的整改处理方案，就一些专项的安全管理问题，则应联合多方召开专题会议，讨论并集中处理安全问题。为确保各项安全管理职能落实到位，应成立管理保障系统，组建专职工作机构，并配设称职的工作人员，令施工单位创建健全完善的责任管理机制与群防群治体系。技术工艺的应用，应编制切实可行的实践技术策略，给予一线员工有效的辅助引导，令他们全面熟悉、快速地掌握了解技术标准，进而提升安全建设总体质量水平。

（四）水利水电工程的安全控制，需要做好全员教育培训

尤其对于新进场员工应实施三级管理培训。开展特殊项目工程前期还应组织召开专项教育培训。对于引进的新工艺及岗位轮换人员应实施相应的安全培训。特殊工种人员未取得上岗凭证，没有接受相关安全控制技术培训，则不应上岗作业。应通过基础安全知识培训、意识强化，令员工真正明确保护自身、不伤害别人的工作方针，进而由源头入手切实地防控事故风险。

一旦存在事故隐患及违规作业问题，应快速停工并积极整改，待通过复查合格后方能继续开工。进行伤亡事故的核查调研工作应做到全面整改、并通知业主，依法报告至上级主管部门。为有效实施补救管理，应编制事故应急管理与防控救援工作预案以及防洪度汛管理方案，成立应急救援工作机构，并配备经验丰富的应急管理工作人员，扩充救援必需设备仪器的投入，

做好管理养护，还应定期开展模拟演练，丰富员工自我救助、应急处理的综合技能经验。

应重点做好人身安全、水电水利工程建设、应用设备仪器的保障管理，强化预防控制。应做好预防高空坠物、不良撞击、机械损伤、触电伤亡、工程坍塌、火灾事故、现场运输交通事故的重点防控，保障在没有安全防护措施的时候不开工、欠缺安全保障的作业不进行，真正实现由事后管控查处的滞后性管理发展为事前积极主动预防的安全管控。

为确保水利水电工程安全管控有据可依，应责令总承包方、建设施工单位及监理方履行水利水电工程安全生产、文明建设责任书及签订相关协议资料，将其作为管理评估的具体目标，并全面促进各方安全管理、规范生产职责的科学落实。

全面落实、多方配合、强化注重、层级管理为做好水电水利工程安全控制的科学途径，应做到管控工作目标的层级分解及责任书的逐级签订，方能构建形成安全生产管控的坚固庞大网络体系，将管理责任目标真正地下放至基层，落到实处，明确到具体责任人。

总之，水利水电工程安全控制管理尤为重要，针对工程建设任务繁重、环境复杂、危险隐患较多的现状问题。我们只有制定科学有效的应对策略，明确安全管控核心要点、做好现场调查评估、进行有效的故障分析、完善监督核查、做好隐患处理、定期召开工地例会、做好教育培训与补救管理，方能提升安全建设管理水平，促进水利水电工程建设实现健全、高效、优质、持续的全面发展。

第四节　水利水电工程安全监测标准化

在水利水电工程的安全管理过程中，水利水电工程的安全监测问题是十分重要的。本节主要围绕水利水电工程安全监测标准化相关问题进行了分析，并针对安全监测标准化提出几点建议，以供参考。

我国经济发展水平的不断提高，在很大程度上促进了我国水利水电工程建设的进步与发展，因此，在水利水电工程安全管理工作中，安全监测问题也受到人们的重视与关注。做好工程的安全监测管理，不仅能够降低水利水电工程的事故率，使工程的安全得以保证，对于工程管理而言也有着十分重要的现实意义。鉴于此，我们必须明确水利水电工程安全监测的重要性，并对其安全监测标准化相关的问题进行分析与研究，从而使水利水电工程的开展与进行得到更好的保障。

一、水利水电工程安全监测系统应该满足的要求

需要掌握工程的整体变形过程。在研究所建设工程的过程中，需要对工程的变形进行充分地了解，对于建设工程的变形主要是从建设工程的结构状态与原材料的物理、化学性能等方面的因素考虑。在某些内在与外在的因素影响下，建设工程的形状很有可能发生一定的变形，这种变形，如果在一定的范围内是正常的，如果超过正常的范围就会产生一系列的安全问题，因此，需要对其进行监管，从而使其得到切实有效地控制。

对水利水电工程的安全情况及时作出评价。在监测并控制水利水电工程之前，水利水电工程的安全情况进行评价对于水利水电工程安全监测效率及其水平的提高有着重要的基础性作用。同时，在实际监控的过程中，一个十分必要的工作就是对工程的相关安全信息进行反馈，对突发状况进行及时有效地控制。然而，事实往往与之相反，在很多情况下，由于相关单位没有及时地对有关信息进行反馈，因此就难以及时地进行安全监控，或者是采取一定的措施对其进行防范，如此一来就会在很大程度上导致安全事故及其相关问题的发生。

对于建设工程的安全评价要有一定的标准。水利水电工程安全监测需要考虑的问题还包括对于所采集到的信息是否出现异常现象的确定，是根据什么原则来对其进行评价等。通过利用相关监测仪器监测水利水电工程，实际上会采集到相当数量的信息，因而对其进行整理与分析十分必要，同时，还需要与相关的安全标准相结合，对工程建设中存在的异常情况进行判断，并及时地采取措施对其进行有效的处理与解决。

二、水利水电工程安全监测布置的优化原则

水利水电工程安全监测量，包括变形、应力、渗流等，其在空间上的分

布构成了相应的监测量曲面，我们也可以将其称为监测曲面。一般来说，如果想要将坝体的整体变形状况很好地反映出来，坝体的水平位移可以取沿着坝轴线方向的剖面进行。在监测曲面中，曲面特征，例如某些局部的点、线或者是面能够对曲面的形状产生比较大的影响，如果能够确定曲面的特征区域，那么用少量的点就能够将曲面的变化良好地描述出来。在最能将建设工程整体性反映出来的地方安设监测仪表，比如说，可以在拱坝和拱冠及拱座的顶部和底部安设仪表，从而对其位移的情况进行监测；也可以将仪表安设在坝基处，从而对水利水电工程的渗水情况进行监测。因此，水利水电工程的安全监测需要对重要的部位进行重点监测，从而实现监测效率的最大化。

对于水利水电工程的监测，在重要部位需要重点监测，例如，在建设工程的主要部位，可以安设多个监测仪表，对建设工程的信息进行监测，如此一来，能够在很大程度上防止一些仪表出现问题之后发生重要数据丢失的问题，保证工程安全监测的有效性，而且通过采取不同的方法来进行安全监测，能够防止一些监测方法失效而造成信息丢失的问题发生。总之，通过采取这些措施能够在很大程度上避免建设工程重要部位信息遗漏的问题。然而，建设工程安全监测的一些自动化仪器的价格通常比较高，因此，在安装安全监测仪表的过程中，要尽可能地达到最有效化，从而及时地获取重要部位的信息，并对信息进行及时地反馈，从而对建设工程的安全状况进行有效的控制。此外，为了保障建设工程的安全，还需要设置人工测读仪器，从而有效获取建设工程的安全信息。

三、工程实例

本节主要以三峡水利工程为研究基础，通过以下几点展开相关的研究。

(一) 仪器布置优化的必要性

对大坝的安全监测仪表布置进行优化，是设计部门必须重视的问题之一，这是因为监测系统对于大坝而言有着十分重要的作用，主要表现为以下两点：

(1) 设立安全监测系统，能够使大坝的安全性得到更大程度的保证。

(2) 目前的安全监测水平不是很高，因此，对于建筑物的安全监测是很难在时间与空间上实现连续，所以对于建筑物的监测就需要选择比较重要的部位进行检测，如此一来，不仅能够使仪器的使用得以减少，还能够在一定程度上减少监测的费用，并且还能够有效获取安全监测资料。

(二) 仪器布置的优化目标

目前，国内在安全监测仪表的布设方面借鉴了国外的一些布设措施，现以三峡工程为基础从以下几点进行分析与探讨：

(1) 在监测建筑物时，需要严格地根据关键断面来布设监测仪器。例如，在较具代表性的大坝面、坝顶，以及在地质敏感地带安置安全监测仪器，从而及时获取大坝变形的信息，制定相应防御措施。

(2) 在布设安全监测仪器的过程中，尽量不要在同一个位置对不同类型的监测仪器进行布设。

(3) 由于三峡大坝施工阶段有着非常大的施工量，并且施工过程中的各个阶段也十分复杂，做好安全监测仪器的布设工作，能够在很大程度上减少工作量并节省仪器的经费。

四、水利水电工程安全监测标准化建议

我国的水利水电工程安全监测标准体系经过多年的发展，已经很成熟，相关的技术标准也渐渐地趋于合理化与标准化，人们能够更好地将理论与实践结合在一起。从总体上来说，水利水电工程安全监测标准体系会涉及国家标准、电力行业的标准、水利行业的标准及其他行业的标准等。其中，水利行业与电力行业的标准起着主导性作用，能够对我国水利水电工程的安全监测工作起到一定的约束与规范性的作用。目前，我国的水利水电工程安全监测标准化尚存在着一些不足之处。以下主要对水利水电安全监测标准化的实现提出几点建议。

(一) 统一制定国家级安全监测技术规范

目前，我国的安全监测专业标准主要有两个，一个是电力行业的标准，一个是水利行业的标准。这两项标准虽然为行业性的标准，但是实际上，其在全国的范围内是通行的。对于水利水电工程的安全监测同样适用，但是由

于其在相关名词术语、安全监测工作内容及相关的定义等方面不一致，各个行业安全监测工作人员在实际操作的过程中会有比较大的难度，对于安全监测工作的顺利进行有着极为不利的影响，因此，建议由国家组织并邀请各个行业的安全监测专业人士对以上两个规范进行进一步的研究与探讨，统一制定国家级安全监测技术规范。

(二) 整合或修编各专业规范的安全监测标准

在我国，各水工规范的安全监测标准也存在不统一的问题，例如，现行的溢洪道设计规范主要有《水闸设计规范》(NB/T 35023-2014) 与《水闸设计规范》(SL 265-2016)，这两个规范中，所涉及的工程安全监测标准并不一致。鉴于此，建议相关单位整合水工专业的安全监测标准，对规范标准重复的现象进行改善并修编，从而使安全监测标准实现统一，并使其更加具有可行性。

加强安全监测技术的研究。从某种意义上来说，水利水电工程安全监测标准体系的形成与安全监测技术的发展之间有着相互作用的关系。具体来说，就是水利水电工程安全监测标准体系的形成需要立足于安全监测技术的发展，而安全监测标准体系还能够对安全监测技术的发展起到一定的促进作用。因此，加强水利水电安全监测技术的研究十分必要。

总而言之，安全监测对于水利水电工程而言是十分重要的，做好安全监测，能够及时采集一些重要的信息，并结合这些信息及时地处理一些突发状况，实现水利水电工程安全监测标准化，能够在很大程度上提高水利水电工程的安全管理水平、同时对其经济效益的提高也十分有利，因此，对水利水电工程安全监测的标准化建设进行加强具有十分重要的现实意义。

第五节 水利水电工程安全生产标准化建设

本节针对水利水电工程安全生产标准化建设的价值进行简单论述，分析当前水利水电工程安全生产标准化建设中存在的问题，这些问题主要表现在安全管理理念较为落后，安全生产监管力度不足及监管人员素质有待提升等方面，对此提出解决与发展建议，目的在于优化水利水电工程项目管理的效果。

水利水电工程是关系到国民经济发展的重要产业，对居民的正常生活及国家经济发展也能够产生重要影响，但是由于受到各类外部因素的影响，当前我国水利水电工程建设施工中的问题频频出现，影响了整体水利水电工程的质量。现代社会的快速发展，对水利水电工程安全生产提出了更高的要求，需要在全面分析水利水电工程建设需求的基础上，加强相关控制方式的分析，保证现代水利水电工程的安全生产，提升工程建设的质量。文章将基于当前水利水电工程生产的实际情况加以探究，以期能够为相关研究活动带来一定的借鉴价值。

一、水利水电工程安全生产标准化建设的价值分析

水利水电工程安全生产标准化建设，能够提升工程建设的安全管理水平，保证建设施工人员的个人权益，推动水利水电工程事业的发展。

提升工程建设的安全管理水平。水利水电工程安全生产标准化建设，主要是通过对工程施工中各项环节的控制，制定明确的管理标准以及操作规范等，这种方式能够显著提升水利水电工程的整体管理水平。

安全生产标准化建设的过程，主要是基于国家相关的技术标准、法律规定等实施操作活动，具有一定的风险控制价值。通过工艺流程、管理方式及施工过程的控制等，在工程安全管理模式下，为现代企业的发展奠定良好的基础。

保证建设施工人员的个人权益。安全生产标准化建设能够使水利水电工程建设活动有章可循、有制可依，通过全面的管理制度、规范性的管理流程约束每一名相关工作人员的行为，其价值在于保证安全生产，使企业获得更多的经济效益以及良好的社会影响力。

水利水电工程安全生产标准化建设，能够保证相关施工人员的个人权益。在这种管理模式下，有助于增强员工的企业归属感以及凝聚力，为水利水电工程建设工作的开展奠定良好的基础，保证安全生产建设的综合效果。

二、水利水电工程安全生产标准化建设中存在的问题

基于当前水利水电工程安全生产标准化建设的实际情况来看，其问题突出表现在安全管理理念较为落后、安全生产监管力度不足及监管人员素质有待提升等方面。

(一) 安全管理理念较为落后

近些年来，随着我国社会经济的快速发展，水利水电工程取得了较好的成果，但是因为受到各类外部因素的影响，水利水电工程在发展的过程中，仍然存在着诸多问题，对水利水电工程的实际发展产生着不良影响。比如安全管理理念比较落后的问题，便会对现代水利水电工程生产标准化产生不良影响。很多水利水电工程单位在实际工作开展中，将重点放在安全问题检查及安全问题治理方面，但是对水利水电工程建设中安全生产标准化建设的重视程度不足，这将不利于现代水利水电工程建设活动的有序开展。

(二) 安全生产监管力度不足

当前尽管一些企业能够认识到水利水电工程中安全生产标准化管理的价值，但是在实际的运行过程中，却存在着资金支持及监管力度不足等情况。很多企业自身监督管理力度比较薄弱，监督管理制度不够健全，资金无法有效供应，阻碍着现代水利水电工程中安全生产标准化管理模式的灵活应用。

(三) 监管人员素质有待提升

水利水电工程安全生产标准化建设中，相关的安全管理模式、工作人员的安全管理能力等，均为影响现代水利水电工程质量的重要因素，但是当前我国很多水利水电工程单位存在相关安全监督管理人员的个人技能水平不足、专业知识掌握程度较低的问题，对现代水利水电工程安全监管的综合效果产生了较大影响。

基于当前我国水利水电工程开展的实际情况，安全监管尚处于初级发展阶段，各环节中问题频频发生，安全生产工作人员的专业素质、个人能力

相对不足，这些问题也会对安全生产标准化建设活动产生较大影响。

三、水利水电工程安全生产标准化建设的方式

在水利水电工程安全生产标准化建设中，可以通过树立安全生产管理意识，明确安全生产目标，制定安全标准建设制度，健全安全管理体系，开展安全教育培训活动及保证安全管理质量等方式，发挥安全管理的价值，保证各项水利水电工程标准化建设的质量。

(一) 树立安全生产管理意识，明确安全生产目标

在水利水电工程安全生产标准化建设的过程中，可以严格按照《水利安全生产标准化评审管理暂行办法》中水利水电施工企业安全生产标准化评审标准，树立安全生产管理意识，明确安全生产目标。企业需要将安全生产管理与水利水电工程建设活动项目融合，加强资金供应，成立以专职安全员为主要负责人的安全生产管理部门，通过召开安全生产会议制定安全生产目标，并分解、实施，明确了各部门安全生产责任制。

水利水电工程建设单位可以根据需要规范现场管理，重点检查施工道路的畅通情况、施工现场的垃圾清除情况以及施工现场的设计要求执行情况等。定期对防雷装置及接地、接零保护进行检测，制定脚手架搭设（拆除）、使用管理制度，确保用电安全。

(二) 制定安全标准建设制度，健全安全管理体系

现代水利水电工程安全生产标准化建设中，需要将其融入各项管理流程，通过项目施工准备阶段的安全管理、实施阶段的安全管理及项目完成阶段的安全管理等方式，真正发挥安全生产标准化建设的价值。

企业可以通过安全生产制度的制定、安全管理方式的研究及安全生产经验的总结等方式，明确规划安全生产标准化建设的具体流程。在全面提升安全生产标准化建设重视程度的基础上，开展自我检查、自我纠正的活动，不断改进安全生产的长效机制。同时，可以通过全员、全过程、全方位和全天候安全管理，提高每一位工作人员的自身安全管理水平。企业管理人员需要落实项目建设中的责任，强化基层基础性工作，规范安全管理，将安全生

产标准化与职业健康安全管理体系有效结合，全面提升安全管理水平，不断增进安全成效。

（三）开展安全教育培训活动，保证安全管理质量

水利水电工程建设人员的安全管理意识、技术操作能力等，均为影响现代水利水电工程建设质量的重要因素。针对当前水利水电工程建设中安全问题频频发生的情况，需要全面提升安全教育的重视程度，开展全员安全培训活动，增强每一位工作人员的自我保护意识以及安全防范意识。

培训活动中，需要及时识别适用的安全生产法律法规、规程规范等，及时向员工传达，将安全生产管理制度发放到相关工作岗位。通过防汛演练、搭设防护脚手架和挂设安全网实践练习等方式，将理论知识与实践技能相互融合。同时，还可以通过专题讲座、经验讨论会等方式，营造良好的企业发展氛围，交流项目建设中的相关安全防护经验。每一名参与工程建设的人员，在进入项目之前，均需要参加安全培训活动，以保证安全管理的综合效果。

水利水电工程质量，会直接影响国家经济发展，对现代经济建设活动能够产生重要影响。水利水电工程安全生产标准化建设中，可以通过树立安全生产管理意识，明确安全生产目标，制定安全标准建设制度，健全安全管理体系及开展安全教育培训活动，保证安全管理质量等方式，最大程度降低各类安全事故发生率，提升每一位水利水电工程建设参与人员的综合能力、操作水平等，保证安全生产，使企业获得更多的经济效益以及良好的社会影响力，为现代水利水电施工建设活动的开展奠定良好的基础。

第六节　水利水电工程安全管理信息化

本节针对水利水电工程安全管理中信息化技术的应用，做了简单的论述，总结了信息化技术应用的重要性，提出了应用的策略。从安全管理实践来说，引入信息化技术，例如 BIM 技术，能够提高管理工作的全面性和精细化水平，提高安全监督管理水平，保障安全管理效益目标的实现。

近年来，基于计算机技术及现代化科学技术等的支持，信息化技术快速发展，技术水平不断提高。在水利水电工程安全管理工作实践中，引入信息化技术，对生产作业全过程实施监测以及监控，根据采集的数据信息，经过汇总和分析，能够为安全管理决策及其实施提供有力依据，保障工程有序开展。现结合具体实践进行如下分析：

一、水利水电工程安全管理中信息化技术的应用价值

若发生安全事故，必然会造成重大损失。例如，某水利水电工程项目，在拆除厂房 5 号机组内弧模板的作业实践中，在只有 16cm 宽度的工字钢围楞木上开展拆除作业，1 名作业人员在钢丝绳连接卸扣时发生坠落，坠落到 10m 高的 5 号机平台上，最终死亡。因此，强化水利水电工程建设安全管理工作，有着重要的意义。从安全管理实际来说，采用信息化技术手段，对提高水利水电工程施工的安全水平具有重要意义。其应用价值体现如下：

（1）增强管理工作全面性，提高精细化程度。

（2）提高安全监督的水平。安全管理实践中采用信息化技术，及时掌握安全生产信息，能够为安全管理工作的开展，提供数据信息的支持，保证各项工作的有序开展。

二、水利水电工程安全管理信息化技术应用的问题

（一）信息处理效率低下

从水利水电工程实践来说，开展工程设计及施工流程等各项工作，要依据各类施工资料及数据信息制定相应的方案，进而保证方案和计划的科学性以及合理性。不过在工程项目运行实际中，信息收集工作的开展受到工期、场地环境等因素的影响较大，同时信息类型和精准度差异、常见数据缺失及不精准等问题，也影响着安全管理工作的开展。在工程作业中引入信息化技术，构建完善的信息系统，整合各类数据信息，能够降低安全管理信息的难度，提高工作效率。

（二）部门之间的协作力不强

落实安全管理工作，需要各个部门和专业的相互配合，才能够最大程度保证生产作业的安全性。目前，部门之间的协作力不强，影响着安全管理工作的开展及效果。应用信息化技术，构建完善的安全管理系统以及信息数据库，能够为安全风险识别和风险防范等工作的开展，提供数据信息的支持。除此之外，还能够解决部门的信息孤岛问题，保障各项安全管理工作高质量落实。

（三）信息化技术的应用不强

从当前水利水电工程安全管理现状来说，很多工程项目的安全管理采取的是传统模式，缺少对信息化技术的合理应用，无法保证安全管理目标的实现。例如，开发的安全管理信息化软件，因为缺少创新及钻研精神，导致研发的信息化系统功能不完善，性能很差而且标准很低，难以为安全管理工作的开展提供有力支持。基于此，需要加大信息化的建设力度，提高管理的水平。

三、水利水电工程安全管理中信息化技术的应用策略

（一）引入 BIM 技术辅助安全管理

从安全管理实际来说，BIM 技术的应用能够提高管理水平和效率。在具体应用中主要如下：

1. 基于 BIM 技术构建水利水电工程安全评价体系

通过构建 3D 建筑模型，实现水电接口自动化，采取此方式构建的安全评价体系，具有速度快及准确度高等优势，被广泛应用。

2. 辅助施工安全管理

在安全管理工作中应用 BIM 技术，能够实现安全隐患的有效预防和控制。构建 BIM 模型，将各类参数录入计算机系统内，自动化构建水利水电工程安全管理模型，借助软件的模拟分析及检测功能，能够精准找出安全隐患，及时采取安全处理措施，营造安全系数较高的生产环境。利用 BIM 技

术辅助安全检查和管理工作，要做好流程的把控。首先，按照规则标准，合理构建 BIM 模型，保证其具有自动化检查功能，同时细致并且全面反映安全措施；其次，构建的安全管理模型，要包括名称和类型等，为施工安全检查工作的开展提供有力依据；再次，执行检查并且生成检查报告，提供可读数据为施工安全管理工作人员提供支持，同时结合构建的工程模型，组织实施安全检查，生成安全检查表及可视化安全防护设备；最后，制定并且实施安全措施，为安全管理决策者提供有力依据。

(二) 加大软件自主研发力度

从水利水电工程安全管理中信息化技术的应用实际来说，很多项目为实现成本及其他资源的节约，多采取直接购买安全管理信息软件的方式，引入信息化技术。结合工程安全管理需求对引入的软件进行改造，虽然能够满足安全管理的基本需求，但是极易出现软件不匹配的问题，需要改造软件，也增加了使用成本。基于此，为了能够满足安全管理需求，必须要不断加大安全信息化管理软件的研发力度，研发出具有高水平的安全管理软件。

(三) 合理选择信息化技术

从安全管理实际来说，可应用的信息化技术类型较多。若想要保证水利水电工程安全管理工作到位，必须要合理选择信息化技术。目前主要采用以下技术：

1. 工程管理系统

目前水利工程管理工作中应用的工程管理系统，以集成型系统为主，安全管理为其中一个功能模块，能够满足部分安全管理工作开展的需求，不过安全管理功能相对单一，要合理选用。

2. 计算机仿真技术

引入此技术手段，发挥技术高速数据信息处理和数据存储等优势，将计算机技术和工程安全管理工作相互结合，精准分析和处理工程参数，能够为安全管理工作的开展提供支持。

3. 基于信息化技术的视频监控系统

在工程安全管理实践中，引入信息化技术，构建施工现场的视频监控系统，辅助作业现场安全巡查工作的动态化开展，及时掌握安全生产现状，为各项安全管理工作的开展提供依据。

4.引入信息化技术，辅助机械设备的安全操作管理

目前在水利水电工程生产中机械化设备的应用不断增加，由于机械设备操作不规范，极易引发安全事故。对于此情况采用信息化技术构建人脸识别系统以及安全控制系统等，强化对机械设备运行的全过程把控，规范机械设备的操作，确保安全管理工作全面落实，促使安全管理目标的实现。

（四）加大信息化建设的投入力度

从水利水电工程安全管理实践来说，应用信息化技术，借助卫星技术和雷达技术等，能够提供丰富而且精准的信息，为各项管理工作的开展提供有力的保障。基于信息化技术能够保证水利水电工程安全管理的数字化及信息化，利用此技术手段，能够提高资料数据的传输速率。搭建高水平的信息资源共享平台，对提高安全信息的利用率有着积极的意义。除此之外，基于信息化技术手段构建视频监控系统，实现施工作业现场情况的实时传递，借助各类信息化技术手段，高效分析数据信息，同时显示数据信息，能够为安全管理决策提供相应的依据，保障安全管理目标的实现。若想充分发挥信息化技术的应用优势，提高水利水电工程安全管理水平，要注重加大信息化建设的投入力度，为安全管理工作的开展提供有力支持，保障安全管理工作的开展，促使各项安全管理工作高质量落实。

综上所述，水利水电工程安全管理中信息化技术的应用若想充分发挥技术的优势，要结合技术应用的实际情况加以完善和控制，在具体实践中采取以下措施：引入 BIM 技术辅助安全管理；加大软件自主研发力度；合理选择信息化技术；加大信息化建设的投入力度。

第四章 渠道、闸门与泵站工程安全管理

第一节 渠道

一、概述

渠道通常指水渠、沟渠，是水流的通道。为满足工农业用水和城市供水等要求，从河道取水，需要通过渠道等输水建筑物将水送达用户。

(一) 渠道的分类

渠道按照用途主要可分为灌溉渠道、动力渠道、供水渠道、同行渠道和排水渠道等。

(二) 渠道的横断面

渠道横断面的形状，在土基上多采用梯形，两侧边坡根据土质情况和开挖深度或填筑高度确定，一般用 $1:1 \sim 1:2$，在岩基上接近矩形。

断面尺寸取决于设计流量和不冲、不淤流速，可根据给定的设计流量、纵坡等用明渠均匀流公式计算确定。

(三) 渠道防渗

渠道渗漏水量占渠系损失水量的绝大部分，一般占渠道引入水量的 $30\% \sim 50\%$，有的灌区高达 $60\% \sim 70\%$。渠系水量损失不仅降低了渠系水利用系数，减少了灌溉面积，浪费了宝贵的水资源，而且会引起地下水位上升，招致农田渍害。在有盐碱威胁的地区，会引起土壤次生盐渍化。水量损失还会增加灌溉成本和农民的水费负担，降低灌溉效率。为了减少渠道输水损失，提高渠系水利用系数，一方面要加强渠系工程配套和维修养护实行科学的水量调配，不断提高灌区管理工作水平；另一方面要采取防渗工程措

施，减少渠道渗漏水量。

渠道防渗工程措施有以下作用：

（1）减少渠道渗漏损失，节省灌溉用水量，有效地利用水资源。

（2）提高渠床的抗冲能力，防止渠坡坍塌，增加渠床的稳定性。

（3）减小渠床糙率，加大渠道流速，提高渠道输水能力。

（4）减少渠道渗漏对地下水的补给，有利于控制地下水位和防治土壤盐碱化。

（5）防止渠道长草，减少泥沙淤积，节省工程维修费用。

（6）降低灌溉成本，提高灌溉效益。

（四）渠道工作方式

灌溉渠道的工作方式有续灌和轮灌两种。续灌是指在一次灌水延续时间内渠道连续输水，按此方式工作的渠道称为续灌渠道；若在同一级渠道中，在一次灌水延续时间内各条渠道分组轮流输水，则为轮灌，按轮灌方式工作的渠道称为轮灌渠道。实行轮灌时，输水流量集中，同时工作的渠道短，输水损失小，但渠道设计流量大，修建渠道土方量及渠系建筑物规模也大。一般较大的灌区，只在斗渠以下实行轮灌。

（五）渠道施工

1. 渠道开挖

渠道开挖的方法有人工开挖、机械开挖和爆破开挖等。开挖方法的选择取决于现有施工现场条件、土壤特性、渠道横断面尺寸、地下水位等因素。

（1）人工开挖：

① 施工排水。渠道开挖首先要解决地表水或地下水对施工的干扰问题，方法是在渠道中设置排水沟。排水沟的布置既要方便施工，又要保证排水的通畅；

② 开挖方法。人工开挖应自渠道中心向外分层下挖，先深后宽。为方便施工，加快工程进度，边坡处可按设计坡比先挖成台阶状，待挖至设计深度时再进行削坡。开挖后的弃土，应先行规划，尽量做到挖填平衡。

　　a. 一次到底法。一次到底法适用于土质较好挖深 2～3m 的渠道。开挖时先将排水沟挖到低于渠底设计高程 0.5m 处，然后按阶梯状向下逐层开挖至渠底；

　　b. 分层下挖法。这种方法适用于土质较软、含水量较高、渠道挖深较大的渠道。可将排水沟布置在渠道中部，逐层下挖排水沟，直至渠底。当渠道较宽时，可采用翻滚排水沟法施工。此法排水沟断面小，施工安全，施工布置灵活；

　　c. 边坡开挖与削坡。开挖渠道如一次开挖成坡，将影响开挖进度。因此，一般先按设计坡度要求挖成台阶状，其高宽比按设计坡度要求开挖，然后进行削坡。这样施工，削坡方量小，但施工时必须严格掌握削坡质量，台阶平台应水平，高必须与平台垂直，否则会产生较大误差，增加削坡方量。

　　(2) 机械开挖：

　　① 推土机开挖。推土机开挖，渠道深度不宜超过 1.5～2m，填筑渠堤高度不宜超过 2～3m，其边坡不宜陡于 1：2。推土机还可用于平整渠底，清除腐殖土层、压实渠堤等；

　　② 铲运机开挖。半挖半填渠道或全挖方渠道就近弃土时，采用铲运机开挖最为有利。需要在纵向调配土方的渠道，如运距不远，也可用铲运机开挖。铲运机开挖渠道的开行方式有环形开行和"8"字形开行。

　　a. 环形开行。当渠道开挖宽度大于铲土长度，而填土或弃土宽度又大于卸土长度时，可采用横向环形开行；反之，则采用纵向环形开行。铲土和填土位置可逐渐错动，以完成所需要的断面；

　　b. "8"字形开行。当工作前线较长，填挖高差较大时，则应采用"8"字形开行。其进口坡道与挖方轴线间的夹角以 40°～60° 为宜，过大则重车转弯不便，过小则加大运距；

　　采用铲运机工作时，应本着挖近填远、挖远填近的原则施工，即铲土时先从填土区最近的一端开始，先近后远；填土则从铲土区最远的一端开始，先远后近，依次进行，这样不仅创造了下坡铲土的有利条件，还可以在填土区内保持一定长度的自然地面，以便铲运机能高速行驶。

　　c. 反铲开挖。当渠道开挖较深时，采用反铲开挖是较为理想的选择。该方法有方便、快捷、生产率高的特点，在生产实践中应用相当广泛，其布置方式有沟端开挖和沟侧开挖；

（3）爆破开挖。对于岩基渠道和盘山渠道宜采用爆破法开挖。开挖程序是先挖平台再拉槽。开挖平台时一般采用抛掷爆破，尽量将待开挖土体抛向预定地方，形成理想的平台。拉槽爆破时，拟采用预裂爆破，或预留保护层，再采用浅孔小炮或人工清边、清底。

采用爆破法开挖渠道时，药包可根据开挖断面的大小沿渠线布置成一排或几排。当渠底宽度大于渠道深度的2倍时，应布置2~3排药包，爆破作用指数可取1.75~2.0。单个药包装药量及间、排距应根据爆破试验确定。

2.渠堤填筑

渠堤填筑以土块小的湿润散土为宜，如砂质壤土或砂质黏土。要求将透水性小的土料填筑在迎水面，透水性大的填筑在背水面。土料中不得掺有杂质，并应保持一定的含水量，以利压实。严禁使用冻土、淤泥、净砂、砂姜土等。

半挖半填渠道应尽量利用挖方筑堤，只有在土料不足或土质不能满足填筑要求时，才在取土坑取土。取土料的坑塘应距堤脚一定距离，表层15~20cm浮土或种植土应清除。填方渠道的取土坑与堤脚保持一定距离，挖土深度不宜超过2m，不得使用地下水位以下的土料，且中间应留有土垄。取土宜先远后近，合理布置运输线路，并留有斜坡道以便运土，避免陡坡、急弯，上下坡线路应分开。

渠堤填筑前要进行清基，清除基础范围内的块石、树根、草皮、淤泥等杂质，并将基面略加平整，然后进行刨毛。如基础过于干燥，还应洒水湿润，然后再填筑。渠堤填筑应分层进行。每层铺土厚度一般为20~30cm，并应铺平、铺匀。每层铺土宽度应略大于设计宽度，以免削坡后断面不足。堤顶应做成坡度为2%~5%的坡面，以利排水。填筑高度应考虑沉陷，一般可预加5%的沉陷量。

对小型渠道土堤夯实宜采用人力夯和蛙式夯击机。对砂卵石填堤，在水源充沛时可用水力夯实，否则选用轮胎碾或振动碾。在四川某工程的砂卵石填筑中，利用轮胎式装载机碾压取得了较好的技术经济效果。

3. 渠道防渗

(1) 渠道防渗施工要点：

① 准备工作。渠道防渗工程施工前，应进行施工组织设计，并做好如下准备工作：

a. 应根据设计选好的防渗材料和施工方法，做好堆料场、拌和场和预制场等施工场地的布置，以及风、水、电、道路和机具设备的准备工作；

b. 应对试验和施工设备进行检测与试运转。如不符合要求，应予更换或调整；

c. 应根据设计测量放线，进行渠道基槽的挖填和修整，清除防渗工程范围内的树根、淤泥、腐殖土和污物；严格控制渠道基槽断面的高程、尺寸和平整度；

d. 应按设计配合比称料拌和，检验配合比是否合理、实用，同时进行铺筑试验，确定铺筑厚度和机具振压的有关参数。

② 地基处理。渠道地基出现以下情况时，应按下列方法处理：

a. 弱湿陷性地基和新建过沟填方渠道，可采用浸水预沉法处理。沉陷稳定的标准为连续 5 天的日平均下沉量小于 $1.0 \sim 2.0\text{mm}$；

b. 强湿陷性地基，可采用深翻回填渠基、设置灰土夯实层、打孔浸水重锤夯压或强力夯实等方法处理；

c. 傍山，黄土台塬边渠道，可采用灌浆法填堵裂缝、孔隙和小洞穴。灌浆材料可选用黏土浆或水泥黏土浆，灌浆的各项技术参数宜经过试验确定。对浅层窑洞、墓穴和大孔洞，可采用开挖回填法处理；

d. 对软弱土、膨胀土和冻胀量大的地基，可采用换填法处理。换填砂砾石时，压实系数不应小于 0.93；换填土料时，大、中型渠道压实系数不应小于 0.95，小型渠道不应小于 0.93；

e. 膜料、沥青混凝土防渗渠道地基在必要时，应在渠基土中加入灭草剂进行灭草处理，并回填、夯实、修整成型后，方可铺砌；

f. 改建防渗渠道的地基，应特别注意渠坡新、老土的结合。填筑时，应将老渠坡挖成台阶状，再在上面夯填新土，整修成设计要求的渠道断面。

③ 养护。对灰土、三合土，水泥土、浆砌石、砂浆、混凝土等材料防渗工程，应分别采用洒水、盖湿草帘或喷涂塑料养护剂等方法进行养护。养

护期以 14 ~ 28 天为宜;

④ 冬季施工。渠道防渗工程宜在温暖季节施工。寒冷地区日平均气温稳定在 5℃以下或最低气温稳定在 -3℃以下;温和地区日平均气温低于 -3℃时,混凝土施工应按《水工混凝土施工规范》(DL/T 5144-2015)低温季节施工的要求进行。日平均气温低于 -5℃时,应停止施工;

⑤ 竣工验收。渠道防渗工程竣工后,应按有关工程验收的规范和规程进行竣工验收。施工质量应满足设计要求,渠道平整度、尺寸的允许偏差值和防渗效果应满足施工质量验收要求。

(2) 土料防渗施工:

① 土料选择。土料的原材料应进行粉碎加工,加工后的粒径,素土不大于 2.0cm,石灰不应大于 0.5cm;

② 土料质量控制。施工中应严格控制配合比,同时测定土料含水率与填筑干容重,其称量允许偏差值应符合要求;拌和后,含水率与最佳含水率的偏差值不应超过 ±1%;夯实后,干容重不应小于设计干容重,其离差系数应小于 0.15;

混合土料的拌和宜按以下要求进行:

a. 黏砂混合土宜将砂石洒水润湿后,再与粉碎过筛的土一起加水拌和均匀。

b. 灰土应先将石灰消解过筛,加水稀释成石灰浆,洒在粉碎过筛的土上,拌和至色泽均匀,并闷料 1 ~ 3 天。如其中有见水崩解的土料,可先将土在水中崩解,然后加入消解的石灰拌和均匀。

c. 三合土、四合土宜先拌和石灰土,然后加入砂石干拌,最后洒水拌和均匀,并闷料 1 ~ 3 天。

d. 贝灰混合土宜干拌后过孔径为 10 ~ 12mm 的筛,然后洒水拌和均匀,闷料 24 小时。

③ 土料防渗层铺筑:

a. 灰土、三合土、四合土宜按先渠坡后渠底的顺序施工;素土、黏砂混合土宜按先渠底后渠坡的顺序施工。各种土料防渗层都应从上游向下游铺筑;

b. 防渗层厚度大于 15cm 时,应分层铺筑。压实时,虚铺每层辅料的厚度，人工夯压，不宜大于20cm；机械夯压，不宜大于30cm。层面间应刨毛，洒水；

c. 土料防渗层夯实后厚度应略大于设计厚度，以便修整成设计的过水渠道断面；

d. 应边铺料边夯压，直至达到设计干容重，不得漏夯。

④ 土料防渗层表面处理。为增强防渗层的表面强度，可进行下列处理：

a. 根据渠道流量大小，分别采用1：4～1：5的水泥砂浆、1：3：8的水泥石灰砂浆或1：1的贝灰砂浆抹面。抹面厚度为0.5～1.0cm。

b. 在灰土、三合土和四合土表面，涂刷一层1：10～1：15的硫酸亚铁溶液。

（3）水泥土防渗施工：

① 施工准备工作：

a. 就近选定符合设计要求的取土场；

b. 根据施工进度要求，选定土料的风干、粉碎、筛分、储料等场地；

c. 将施工材料分批运至现场，水泥应采取防潮、防雨措施；

d. 根据施工方式，准备好运输、粉碎、筛分、供水，称量、搅拌、夯实、排水、铺筑、养护等设备和模具；

e. 土料应风干、粉碎，并过孔径5mm的筛。

② 防渗层现场铺筑：

a. 按设计配合比配料，其称量允许偏差值应符合要求。水泥土拌料与铺筑，或装模成型的时间不得大于60min；

b. 拌和水泥土时，宜先干拌，再湿拌均匀；

c. 铺筑塑性水泥土前，应先洒水润湿渠基，安设伸缩缝模板，然后按先渠坡后渠底的顺序铺筑。水泥土料应摊铺均匀，浇捣拍实。初步抹平后，宜在表面撒一层厚度为1～2mm的水泥，随即揉压抹光。应连续铺筑，每次拌和料从加水至铺筑宜在1.5h内完成；

d. 铺筑干硬性水泥土，应先立模，后分层铺料夯实。每层铺料厚度宜为10～15cm，层面间应刨毛、洒水；

e. 铺设保护层的塑性水泥土，其保护层应在塑性水泥土初凝前铺设完毕。

③水泥土预制板的生产和铺砌：

a. 拌制水泥土；

b. 将水泥土料装入模具中，压实成型后拆模，放在阴凉处静置24h后，洒水养护；

c. 将渠基修整后，按设计要求铺砌预制板。板间应用砂浆挤压、填平，并及时勾缝。

（4）砌石防渗施工。砌石防渗施工时，应先洒水润湿渠基，然后在渠基或垫层上铺筑一层厚度为2~5cm的低标号混合砂浆，再铺砌石料。

①浆砌石防渗层施工：

A. 砌筑顺序。

a. 梯形明渠，宜先砌渠底后砌渠坡。砌渠坡时，应从坡脚开始，由下而上分层砌筑；U形和弧形明渠、拱形暗渠，应从渠底中线开始，向两边对称砌筑；

b. 矩形明渠，可先砌两边侧墙，后砌渠底；拱形和箱形暗渠，可先砌侧墙和渠底，后砌顶拱或加盖板；

c. 各种明渠，渠底和渠坡砌完后，应及时砌好封顶石。

B. 石料安放要求。

a. 浆砌块石应花砌、大面朝外、错缝交接，并选择较大、较规整的块石砌在渠底和渠坡下部；

b. 浆砌料石和石板，在渠坡应纵砌（料石或石板长边平行水流方向）；在渠底应横砌（料石或石板长边垂直水流方向），必须错缝砌筑，料石错缝距离宜为料石长的1/2；

c. 浆砌卵石，相邻两排应错开茬口，并选择较大的卵石砌于渠底和渠道坡脚，大头朝下、挤紧靠实；

d. 浆砌块石挡土墙式防渗层，应先砌面石，后砌腹石，面石与腹石应交错连接；浆砌料石挡土墙式防渗层，应有足量的丁扣石。

C. 石料砌筑要求。

a. 砌筑前宜洒水润湿，石料应冲洗干净；

b. 浆砌料石和块石，应干摆试放，分层砌筑、坐浆饱满。每层铺设砂浆的厚度，料石宜为2~3cm，块石宜为3~5cm。块石缝宽超过5cm时，应填塞小片石；

c. 卵石可采用挤浆砌筑，也可干砌后用砂浆或细砾混凝土灌缝；

d. 浆砌石板应保持砌缝密实平整，石板接缝间的不平整度不得超过1.0cm。

D. 勾缝要求。浆砌料石、块石、卵石和石板，宜在砌筑砂浆初凝前勾缝。勾缝应自上而下用砂浆充填、压实和抹光。浆砌料石、块石和石板宜勾平缝；浆砌卵石宜勾凹缝，缝面宜低于砌石面 1~3cm。

② 干砌卵石挂淤防渗层施工：

A. 砌筑顺序：

a. 可按先渠底后渠坡的顺序砌筑；

b. 砌渠底时，如为平渠底，宜从渠坡脚的一边砌向另一边；若为弧形渠底，应从渠底纵向轴线开始向两边砌筑；

c. 渠坡应从下而上逐排砌筑；

d. 如设膜料垫层，应将过渡层土料铺在膜料上，边铺膜，边压土，边砌石。

B. 砌筑要求：

a. 卵石长边应垂直于渠底或渠坡立砌，不得前俯后仰、左右倾斜。卵石的较宽侧面应垂直于水流方向；

b. 每排卵石应厚薄相近、大头朝下、错开茬口、挤紧砌好；

c. 渠底两边和渠坡脚的第一排卵石，应比其他卵石大 10~15cm；

d. 卵石砌筑后，应先用小石填缝至缝深的一半，再用片状石块卡缝；

e. 用较大的卵石水平砌筑封顶石。

(5) 膜料防渗施工：

① 膜料铺贴：

a. 根据渠道大小将膜料加工成大幅备用，也可在现场边铺边连接；

b. 在验收合格的铺膜基槽上，自渠道下游向上游，由渠道一岸向另一岸铺设膜层。塑膜应留有小褶皱，并平贴渠基；

c. 埋好膜层顶端，并处理好大、小膜幅间的连接缝；

d. 检查并粘补已铺膜层的破孔。粘补膜应超出破孔每边 10~20cm；

e. 填筑过渡层和保护层的施工速度，应与铺膜速度配合，避免膜层裸露时间过长。

②保护层施工：

a. 填筑保护层的土料，应不含石块，树根、草根等杂物；

b. 采用压实法填筑土保护层时，禁止使用羊角碾；

c. 中、小型渠道采用浸水泡实法填筑沙壤土、轻壤土和中壤土保护层时，填筑断面尺寸宜留10%~15%的沉陷量。待反复浸水沉陷稳定后，缓慢泄水，填筑裂缝，并拍实、整修成设计断面；

d. 沙砾料保护层的施工，应先铺膜面过渡层，再铺符合级配要求的沙砾料保护层，并逐层振压密实。压实度不应小于0.93；

e. 膜料铺设及过渡层、保护层施工人员应穿胶底鞋或软底鞋，谨慎施工。

(6) 混凝土防渗施工：

①现浇混凝土防渗施工。现场浇筑混凝土，宜采用分块跳仓法施工。同一浇筑块应连续浇筑。用衬砌机浇筑时，可连续施工。浇筑混凝土前，土渠基应先洒水浸润；在岩石渠基上浇筑混凝土，或需要与早期混凝土结合时，应将基岩或早期混凝土刷洗干净，铺一层厚度为1~2cm的砂浆。砂浆的水灰比，应较混凝土小0.03~0.05。

混凝土宜采用机械振捣，并应符合下列要求：

a. 使用表面式振动器时，振板行距宜重叠5~10cm。振捣边坡时，应上行振动，下行不振动；

b. 使用小型插入式振捣器，或人工捣固边坡混凝土时，入仓厚度每层不应大于25cm，并插入下层混凝土5cm左右；

c. 使用振捣器捣固时，边角部位及钢筋预埋件周围应辅以人工捣固；

d. 机械和人工捣固的时间，应以混凝土开始泛浆时为准；

e. 衬砌机的振动时间和行进速度，宜经过试验确定。振动时间一般是混凝土工作速度的1.2~1.5倍，并不小于30s。

②预制装配式混凝土防渗施工。装配式混凝土衬护，是在预制厂制作混凝土衬护板，运至现场后进行安装，然后灌注填缝材料。混凝土预制板的尺寸应与起吊、运输设备的能力相适应，人工安装时，单块预制板的面积一般为0.4~1.0m²。铺砌时应将预制板四周刷净，并铺于已夯实的垫层上。砌

筑时，横缝可以砌成通缝，但纵缝必须错开。装配式混凝土预制板衬护，施工受气候条件影响小，施工质量易于保证，但接缝较多，防渗、抗冻性能较差，适用于中小型渠道工程。

③ 喷混凝土防渗施工。采用喷射法施工时，应按下列要求和步骤进行：

a. 先送风、水，后送干料。掺有速凝剂的干拌和料的存放时间，不得超过 20min；

b. 喷头处的压力应控制在 0.1MPa 左右，水压不应小于 0.2MPa；

c. 一次喷射的厚度，掺有速凝剂时，宜为 7 ~ 10cm；不掺速凝剂时，宜为 5 ~ 7cm；

d. 分层喷射时，表面一层的水灰比宜稍大；

e. 喷射每层混凝土的间隔时间，掺有速凝剂时，一般为 15 ~ 20min；不掺速凝剂时，应根据混凝土的初凝时间确定；

f. 喷射作业完毕，应先将喷射机和管道中的干料清除干净，再停水、风。因故不能继续作业时，必须及时将喷射机和管道中的积料清除干净；

g. 混凝土伸缩缝应按设计规定施工。采用衬砌机浇筑混凝土时，可用切缝机或人工切制半缝形的伸缩缝，缝深和缝宽应符合设计要求。

(7) 沥青混凝土防渗施工：

① 现浇沥青混凝土防渗层施工，现场铺筑法施工，应按下列步骤进行：

a. 有整平胶结层的防渗体，可先铺筑整平胶结层，再铺筑防渗层；

b. 铺筑防渗层，宜按选定的摊铺厚度均匀摊铺。压实系数可通过试验确定，一般采用 1.2 ~ 1.5；

c. 宜采用振动碾压实沥青混合料。可先静压 1 ~ 2 遍，再振动压实。在压实渠道边坡时，上行振动，下行不振动。小型渠道可采用静碾或平面振动器压实。在压实过程中，应严格控制压实温度和遍数，防止漏压；

d. 防渗层与建筑物连接处和机械难以压实的部位，应辅以人工压实；

e. 沥青混凝土防渗层应连续铺筑，尽量减少冷接缝；

f. 采用双层铺筑时，结合面应干燥、洁净，并均匀涂刷一薄层热沥青或稀释沥青，其涂刷量不超过 $1.0kg/m^2$。上下层冷接缝的位置应错开；

g. 施工过程中，应采取适当措施，避免混合料离析与降温过大。

② 预制沥青混凝土防渗层施工。铺砌预制沥青混凝土防渗层，应按下

列步骤和要求进行：

a. 沥青混凝土预制板宜采用钢模板预制。预制板应振压密实、尺寸准确、六面平整光滑、无缺角、无石子外露等缺陷；

b. 预制板振实后，即可拆模。降温后方可搬动、平放码垛。垛高不得高于0.5m，严禁立放码垛。高温季节，码垛工作宜在早晚进行；

c. 预制板应按照规定砌筑，做到平整、稳固。

③ 封闭层涂刷。在洁净、干燥的防渗层面上涂刷沥青玛蹄脂。涂层应薄厚均匀，涂刷量一般为 $2 \sim 3kg/m^2$。涂刷时，沥青玛蹄脂的温度不应低于160℃。涂刷后禁止人、畜，机械通行。

（8）伸缩缝填充。伸缩缝填充前，应将缝内杂物、粉尘清除干净，并保持缝壁干燥。伸缩缝宜用弹塑性止水材料，如焦油塑料胶泥填筑，或缝下部填焦油塑料胶泥，上部用沥青砂浆填筑。有特殊要求的伸缩缝，宜用高分子止水管（带）等材料。伸缩缝填充施工中，应做到缝形整齐、尺寸合格、填充紧密，表面平整。

二、渠道施工的安全注意事项

（一）渠道施工的一般安全技术规定

（1）多级边坡之间应设置马道，以利于边坡稳定、施工安全。

（2）渠道施工中如遇到不稳定边坡，视地形和地质条件采取适当支护措施，以保证施工安全。

（二）渠道开挖的安全规定

（1）应按先坡面后坡脚、自上而下的原则进行施工，不应倒坡开挖。

（2）应做好截、排水措施，防止地表水和地下水对边坡的影响。

（3）对永久工程应经设计，计算确定削坡坡比，制定边坡防护方案。

（4）对削坡范围内和周围有影响区域内的建筑物及障碍物等应妥善处置或采取必要的防护措施。

（5）深度较浅的渠道最好一次开挖成型，如采用反铲开挖，应在底部预留不小于30cm的保护层，采用人工清理。

（6）深度较大的渠道一次开挖不能到位时，应自上而下分层开挖。如施工期较长，遇膨胀土或易风化的岩层或土质较差的渠道边坡，应采取护面或支挡措施。

（7）在地下水较为丰富的地质条件下进行渠道开挖，应在渠道外围设置临时排水沟和集水井，并采取有效的降水措施，如深井降水或轻型井点降水，将基坑水位降低至底板以下再开挖。在软土基坑开挖，宜采用钢走道箱铺路，利于开挖及运输设备行走。

（8）冻土开挖时，如采用重锤击碎冻土的施工方案，应防止重锤在坑边滑脱，击锤点距坑边应保持1m以上的距离。

（9）用爆破法开挖冻土时，应采用硝铵炸药，冬季施工严禁使用任何甘油类炸药。

（10）不同的边坡监测仪器，除满足埋设规定之外，应将裸露地表的电缆加以防护，终端设观测房集中于保护箱，加以标示并上锁锁闭保护。

（三）边坡衬护的安全规定

（1）对软土堤基的渠堤填筑前，应按设计对基础进行加固处理，并对加固后的堤基土体力学指标进行检测，在满足设计要求后方可填筑。

（2）为保证渠堤填筑断面的压实度，采用超宽30～50cm的方法。大型碾压设备在碾压作业时，通过试验在满足渠堤压实度的前提下，确定碾压设备距离填筑断面边缘的宽度，保证碾压设备的安全。

（3）渠道衬砌应按设计进行，混凝土预制块、干砌石和浆砌石自下而上分层进行施工，渠顶堆载预制块或石块高度宜控制在1.5m以内，且距坡面边缘1.0m，防止石料滚落伤人，对软土堤顶应减少堆载。混凝土衬砌宜采用滑模或多功能渠道衬砌机进行施工。

（4）当坡面需要挂钢筋网喷混凝土支护时，在挂网之前，应清除边坡松动岩块、浮渣、岩粉及其他疏松状堆积物，用水或风将受喷面冲洗（吹）干净。

（5）脚手架及操作平台的搭设应遵守以下规定：

①脚手架应根据施工荷载经设计确定，施工常规负荷量不应超过3.0kPa。脚手架搭成后，须经施工及使用单位技术、质检、安全部门按设计

和规范检查验收合格，方准投入使用；

②高度超过25m和特殊部位使用的脚手架，应专门设计并报建设单位（监理）审核、批准，并进行技术交底后，方可搭设和使用；

③脚手架基础应牢固，禁止将脚手架固定在不牢固的建筑物或其他不稳定的物件之上，在楼面或其他建筑物上搭设脚手架时，应验算承重部位的结构强度；

④脚手架安装搭设应严格按设计图纸实施，遵循自下而上、逐层搭设、逐层加固、逐层上升的原则；

⑤脚手架与边坡相连处应设置连墙杆，每18m设一个点，且连墙杆的竖向间距不应大于4m。连墙杆采用钢管横杆，与墙体预埋锚筋相连，以增加整体稳定性；

⑥脚手架的两端、转角处以及每隔6~7根立杆，应设剪刀撑及支杆，剪刀撑和支杆与地面的角度不应大于60°，支杆的底端埋入地下深度不应小于30cm。架子高度在7m以上或无法设支杆时，竖向每隔4m、水平每隔7m应使脚手架牢固地连接在建筑物上；

⑦脚手架的支撑杆，在有车辆或搬运器材通过的地方应设置围栏，以免受到通行车辆或搬运器材的碰撞；

⑧搭设架子，应尽量避免夜间工作，夜间搭设架子应有足够的照明，搭设高度不应超过二级高处作业标准；

（6）喷射操作手应佩戴好防护用具，作业前检查供风、供水、输料管及阀门的完好性，对存在的缺陷应及时修理或更换作业中，喷射操作手应精力集中，喷嘴严禁朝向作业人员；

（7）喷射作业应按下列顺序操作：对喷射机先送风、送水，待风压、水压稳定后再送混合料。结束时与上述相反，即先停供料，再停风和水，最后关闭电源；

（8）喷射口应垂直于受喷面，喷射头距喷射面50~60cm为宜；

（9）喷混凝土应采用水泥裹砂"潮喷法"，以减少粉尘污染与喷射回弹量，不宜使用干喷法。

第二节　水闸

一、概述

水闸是一种能调节水位、控制流量的低水头的水工建筑物，具有挡水和泄水的双重功能。在防洪、治涝、灌溉、供水、航运、发电等水利工程中占有重要地位，尤其在平原地区的水利建设中，得到广泛的应用。

(一) 水闸类型

水闸类型较多，一般按照其建闸的作用来分，其承担的主要任务如下：

（1）进水闸建在河道、水库或者湖泊的岸边一侧，其任务是为灌溉、发电、供水等控制引水流量。由于它通常建在渠道的首部，又称渠首闸。

（2）拦河闸或在渠道上建造，或接近于垂直河流、渠道布置，其任务是拦截河道、抬高水位、控制下泄流量及上游水位，又称节制闸。

（3）排水闸常见于江河沿岸，用以排除内河或低洼地区对农作物有害的废水和降雨形成的溃水。常建于排水渠末端的冲河堤防处。当江河水位较高时，可以关闸防止江水向堤内倒灌；当江河水位较低时，可以开闸排涝。

（4）挡潮闸在沿海地区，潮水沿入海河道上溯，易使两岸土地盐碱化；在汛期受潮水顶托，容易造成内涝；低潮时内河淡水流失无法充分利用。为了挡潮、御咸、排水和蓄淡，在入海河口附近修建的闸，称为挡潮闸。

（5）分洪闸常建于河道的一侧，在洪峰到来时，用来处理超过下游河道安全泄量的洪水。

(二) 水闸主体结构的施工技术

水闸主体结构施工主要包括闸身上部结构预制构件的安装及闸底板、闸墩、止水设施和门槽等方面的施工内容。

1. 底板施工

水闸底板有平底板与反拱底板两种，平底板为常用底板。这两种闸底板虽都是混凝土浇筑，但施工方法并不一样，下面分别予以介绍。平底板的施工总是先于墩墙，而反拱底板的施工，一般是先浇墩墙，预留联结钢筋，待沉陷稳定后再浇反拱底板。

（1）平底板的施工：

① 浇注块划分。混凝土水闸常被沉降缝和温度缝分为许多结构块，施工时应尽量利用结构缝分块。当永久缝间距很大，所划分的浇筑块面积太大，以致混凝土拌和运输能力或浇筑能力满足不了需要时，则可设置一些施工缝，将浇筑块面积划小些。浇注块的大小，可根据施工条件，在体积、面积及高度三个方面进行控制。

② 混凝土浇筑。闸室地基处理后，软基上先多铺筑素混凝土垫层8～10cm，以保护地基，找平基面。浇筑前先进行扎筋、立模、搭设仓面脚手架和清仓等工作。

浇筑底板时，运送混凝土入仓的方法很多。可以用载重汽车装载立罐通过履带式起重机吊运入仓，也可以用自卸汽车通过卧罐、履带式起重机入仓。采用上述两种方法时，都不需要在仓面搭设脚手架。

一般中小型水闸采用手推车或机动翻斗车等运输工具运送混凝土入仓，且需在仓面设脚手架。

水闸平底板的混凝土浇筑，一般采用平层浇筑法。但当底板厚度不大，拌和站的生产能力受到限制时，亦可采用斜层浇筑法。

底板混凝土的浇筑，一般先浇上、下游齿墙，然后再从一端向另一端浇筑。当底板混凝土方量较大，且底板顺水流长度在12m以内时，可安排两个作业组分层浇筑。首先两组同时浇筑下游齿墙，待齿墙浇平后，将第二组调至上游齿墙，另一组自下游向上游开浇第一坯底板。上游齿墙组浇完，立即调到下游开浇第二坯，而第一坯组浇完又调头浇第三坯。这样交替连环浇注可缩短每坯间隔时间，加快进度，避免产生冷缝。

钢筋混凝土底板，往往有上下两层钢筋。在进料口处，上层钢筋易被砸变形。故开始浇筑混凝土时，该处上层钢筋可暂不绑扎，待混凝土浇筑面将要到达上层钢筋位置时，再进行绑扎，以免因校正钢筋变形延误浇筑时间。

（2）反拱底板的施工：

① 施工程序。由于反拱底板对地基的不均匀沉陷反应敏感，因此必须注意施工程序。目前采用的有下述两种方法：

a.先浇筑闸墩及岸墙，后浇反拱底板。为减少水闸各部分在自重作用下产生不均匀沉陷，造成底板开裂破坏，应尽量将自重较大的闸墩、岸墙先浇筑到顶（以基底不产生塑性为限）。接缝钢筋应预埋在墩墙底板中，以备今后浇入反拱底板内。岸墙应及早夯填到顶，使闸墩岸墙地基预压沉实。此法目前采用较多，对于黏性土或砂性土均可采用。

b. 反拱底板与闸墩岸墙底板同时浇筑。此法适用于地基较好的水闸，虽然对反拱底板的受力状态较为不利，但其保证了建筑的整体性，同时减少了施工工序，便于施工安排。对于缺少有效排水措施的砂性土地基，采用此法较为有利。

（2）施工要点：

① 由于反拱底板采用土模，因此必须做好基坑排水工作。尤其是沙土地基，不做好排水工作，拱模控制将很困难。

② 挖模前将基土夯实，再按设计要求放样开挖；土模挖好后，在其上先铺一层约10cm厚的砂浆，具有一定强度后加盖保护，以待浇筑混凝土。

③ 采用第一种施工程序，在浇筑岸、墩墙底板时，应将接缝钢筋一头埋在岸、墩墙底板之内，另一头插入土模中，以备下一阶段浇入反拱底板。岸、墩墙浇筑完毕后，应尽量推迟底板的浇筑，以便岸、墩墙基础有更多的时间沉实。反拱底板尽量在低温季节浇筑，以减小温度应力，闸墩底板与反拱底板的接缝按施工缝处理，以保证其整体性。

④ 当采用第二种施工程序时，为了减少不均匀沉降对整体浇筑的反拱底板的不利影响，可在拱脚处预留一缝，缝底设临时铁皮止水，缝顶设"假铰"，待大部分上部结构荷载施加以后，便在低温期用二期混凝土封堵。

⑤ 为了保证反拱底板的受力性能，在拱腔内浇筑的门槛、消力坎等构件，需在底板混凝土凝固后浇筑二期混凝土，且不应使两者成为一个整体。

2. 闸墩施工

由于闸墩高度大、厚度小，门槽处钢筋较密，闸墩相对位置要求严格，所以闸墩的立模与混凝土浇筑是施工中的主要难点。

（1）闸墩模板安装。为使闸墩混凝土一次浇筑达到设计高程，闸墩模板不仅要有足够的强度，还要有足够的刚度。所以闸墩模板安装以往采用"铁板螺栓、对拉撑木"的立模支撑方法。此法虽需耗用大量木材（对于木模板而言）和钢材，工序繁多，但对中小型水闸施工来说较为方便。有条件的施工单位，会在闸墩混凝土浇筑中逐渐采用翻模施工方法。

①"铁板螺栓、对拉撑木"的模板安装。立模前，应准备好固定模板的对销螺栓及空心钢管等。常用的对销螺栓有两种形式：一种是两端都车螺纹的圆钢；另一种是一端带螺纹，另一端焊接上一块 5mm×40mm×400mm 扁铁的螺栓，扁铁上钻两个圆孔，以便将其固定在对拉撑木上。空心圆管可用长度等于闸墩厚度的毛竹或混凝土空心撑头。

闸墩立模时，其两侧模板要同时相对进行。先立平直模板，后立墩头模板。在闸底板上架立第一层模板时，必须保持模板上口水平。在闸墩两侧模板上，每隔 1m 左右钻一个与螺栓直径相应的圆孔，并于模板内侧对准圆孔撑以毛竹或混凝土撑头，然后将螺栓穿入，且两头穿出横向围图和竖向围图，然后用螺帽固定在竖向围图上。铁板螺栓带扁铁的一端与水平拉撑木相接，与两端均车螺丝的螺栓相间布置。

②翻模施工。翻模施工法立模时一次至少立三层，当第二层模板内混凝土浇至腰箍下缘时，第一层模板内腰箍以下部分的混凝土须达到脱模强度，这样便可拆掉第一层，去架立第四层模板，并绑扎钢筋。以此类推，保持混凝土浇筑的连续性，以避免产生冷缝。

（2）混凝土浇筑。闸墩模板立好后，随即进行清仓工作。清仓用高压水冲洗模板内侧和闸墩底面，污水则由底层模板的预留孔排出，清仓完毕堵塞小孔后，即可进行混凝土浇筑。闸墩混凝土的浇筑，主要是解决两个问题，一是每块底板上闸墩混凝土的均衡上升；二是流态混凝土的入仓方式及仓内混凝土的铺筑方法。

当落差大于 2m 时，为防止流态混凝土下落产生离析，应在仓内设置溜管，可每隔 2～3m 设置一组。仓内可把浇筑面分划成几个区段，分段进行浇筑。每坯混凝土厚度可控制在 30cm 左右。

3. 止水设施的施工

为了适应地基的不均匀沉降和伸缩变形，在水闸设计中均设置温度缝与沉陷缝，并常用沉陷缝代替温度缝作用。缝有铅直和水平的两种，缝宽一般为 1.0～2.5cm。缝中填料及止水设施，在施工中应按设计要求确保质量。

（1）沉陷缝填料的施工。沉陷缝的填充材料，常用的有沥青油毛毡、沥青杉木板及泡沫板等。填料的安装有两种方法。

一种是先将填料用铁钉固定在模板内侧后，再浇混凝土，拆模后填料即粘在混凝土面上，然后再浇另一侧混凝土，填料即牢固地嵌入沉降缝内。如果沉陷缝两侧的结构需要同时浇灌，则沉陷缝的填充材料在安装时要竖立平直，浇筑时沉陷缝两侧流态混凝土的上升高度要一致。

另一种是先在缝的一侧立模浇筑混凝土，并在模板内侧预先钉好安装填充材料的长铁钉数排，并使铁钉的1/3留在混凝土外面，然后安装填料、敲弯铁尖，使填料固定在混凝土面上，再立另一侧模板和浇混凝土。

（2）止水的施工。凡是位于防渗范围内的缝，都有止水设施，止水包括水平止水和垂直止水，常用的有止水片和止水带。

① 水平止水。水平止水大都采用塑料止水带，其安装与沉陷缝的安装方法一样。

② 垂直止水。止水部分金属片的重要部分用紫铜片，一般部分用铝片、镀锌铁皮或镀铜铁皮等。

对于需灌注沥青的结构形式，可按照沥青井的形状预制混凝土槽板，每节长度可为 0.3～0.5m，与流态混凝土的接触面应凿毛，以利结合。安装时需涂抹水泥砂浆，随缝的上升分段接高。沥青井的沥青可一次灌注，也可分段灌注。止水片接头要进行焊接。

③ 接缝交叉的处理。止水交叉有两类：一是铅直交叉（指垂直缝与水平缝的交叉），二是水平交叉（指水平缝与水平缝的交叉）。交叉处止水片的连接方式也可分为两种：一种是柔性连接，即将金属止水片的接头部分埋在沥青块体中；另一种是刚性连接，即将金属止水片剪裁后焊接成整体。在实际工程中，可根据交叉类型及施工条件决定连接方式，铅直交叉常用柔性连接，而水平交叉则多用刚性连接。

（三）闸门的安装方法

闸门是水工建筑物的孔口上用来调节流量、控制上下游水位的活动结构。它是水工建筑物的一个重要组成部分。

闸门主要由三部分组成：主体活动部分，用以封闭或开放孔口，通称闸门或门叶；埋固部分，是预埋在闸墩、底板和胸墙内的固定件，如支承行走埋设件、止水埋设件和护砌埋设件等；启闭设备，包括连接闸门和启闭机的螺杆或钢丝绳索和启闭机等。

闸门按其结构形式可分为平面闸门、弧形闸门及人字闸门三种。闸门按门体的材料可分为钢闸门、钢筋混凝土或钢丝水泥闸门、木闸门及铸铁闸门等。

所谓闸门安装是将闸门及其埋件装配、安置在设计部位。由于闸门结构的不同，各种闸门的安装，如平面闸门安装、弧形闸门安装、人字闸门安装等略有差异，但一般可分为埋件安装和门叶安装两部分。

1. 平面闸门安装

主要介绍平面钢闸门的安装。

平面钢闸门的闸门主要由面板、梁格系统、支承行走部件、止水装置和吊具等组成。

（1）埋件安装。闸门的埋件是指埋设在混凝土内的门槽固定构件，包括底槛、主轨、侧轨、反轨和门楣等。安装顺序一般是设置控制点线，清理、校正预埋螺栓，吊入底槛并调整其中心、高程、里程和水平度，经调整、加固、检查合格后，浇筑底槛二期混凝土。设置主、反、侧轨安装控制点，吊装主轨、侧轨、反轨和门楣并调整各部件的高程、中心、里程、垂直度及相对尺寸，经调整、加固、检查合格，分段浇筑二期混凝土。二期混凝土拆模后，复测埋件的安装精度和二期混凝土槽的断面尺寸，超出允许误差的部位需进行处理，以防闸门关闭不严、出现漏水或启闭时出现卡阻现象。

（2）门叶安装。如门叶尺寸小，则在工厂制成整体运至现场，经复测检查合格，装上止水橡皮等附件后，直接吊入门槽。如门叶尺寸大，由工厂分节制造，运到工地后，在现场组装。

①闸门组装。组装时，要严格控制门叶的平直性和各部件的相对尺寸。分节门叶的节间联结通常采用焊接、螺栓联结、销轴联结三种方式。

②闸门吊装。分节门叶的节间如果是螺栓和销轴联结的闸门，若起吊能力不够，在吊装时需将已组成的门叶拆开，分节吊入门槽，在槽内再联结成整体。

（3）闸门启闭试验。闸门安装完毕后，需作全行程启闭试验，要求门叶启闭灵活无卡阻现象，闸门关闭严密，漏水量不超过允许值。

2. 弧形闸门安装

弧形闸门由弧形面板、梁系和支臂组成。弧形闸门的安装，根据其安装高低位置不同，分为露顶式弧形闸门安装和潜孔式闸门安装。

（1）露顶式弧形闸门安装。露顶式弧形闸门包括底槛、侧止水座板、侧轮导板、铰座和门体。安装顺序：

① 在一期混凝土浇筑时预埋铰座基础螺栓，为保证铰座的基础螺栓安装准确，可用钢板或型钢将每个铰座的基础螺栓组焊在一起，进行整体安装、调整、固定。

② 埋件安装，先在闸孔混凝土底板和闸墩边墙上放出各埋件的位置控制点，接着安装底槛、侧止水导板、侧轮导板和铰座，并浇筑二期混凝土。

③ 门体安装，有分件安装和整体安装两种方式。分件安装是先将铰链吊起，插入铰座，于空间穿轴，再吊支臂用螺栓与铰链连接；也可先将铰链和支臂组成整体，再吊起插入铰座进行穿轴；若起吊能力许可，可在地面穿轴后，再整体吊入。2个直臂装好后，将其调至同一高程，再将面板分块装于支臂上，调整合格后，进行面板焊接和将支臂端部与面板相连的连接板焊好。门体装完后起落2次，使其处于自由状态，然后安装侧止水橡皮，补刷油漆，最后再启闭弧门，检查有无卡阻和止水不严现象。整体安装是在闸室附近搭设的组装平台上进行，将2个已分别与铰链连接的支臂按设计尺寸用撑杆连成一体，再于支臂上逐个吊装面板，将整个面板焊好，经全面检查合格后，拆下面板，将2个支臂整体运入闸室，吊起插入铰座，进行穿轴，而后吊装面板。此法一次起吊重量大，2个支臂组装时，其中心距要严格控制，否则会给穿轴带来困难。

（2）潜孔式弧形闸门安装。设置在深孔和隧洞内的潜孔式弧形闸门，顶部有混凝土顶板和顶止水，其埋件除与露顶式相同的部分外，一般还有铰座钢梁和顶门楣。安装顺序：

① 铰座钢梁宜和铰座组成整体，吊入二期混凝土的预留槽中安装。

② 埋件安装。深孔弧形闸门是在闸室内安装，故在浇筑闸室一期混凝土时，就需将锚钩埋好。

③ 门体安装方法与露顶式弧形闸门的基本相同，可以分体安装，也可整体安装。门体装完后要起落数次，根据实际情况调整顶门楣，使弧形闸门在启闭过程中不发生卡阻现象，同时门楣上的止水橡皮能和面板接触良好，

以免启闭过程中门叶顶部发生涌水现象。调整合格后，浇筑顶门楣二期混凝土。

④为防止闸室混凝土在流速高的情况下发生空蚀和冲蚀，有的闸室内壁设钢板衬砌。钢衬可在二期混凝土安装，也可在一期混凝土时安装。

3. 人字闸门安装

人字闸门由底枢装置、顶枢装置、支枕装置、止水装置和门叶组成。人字闸门分埋件和门叶两部分进行安装。

（1）埋件安装。包括底枢轴座、顶枢埋件、枕座、底槛和侧止水座板等。其安装顺序：设置控制点，校正预埋螺栓，在底枢轴座预埋螺栓上加焊调节螺栓和垫板。将埋件分别布置在不同位置，根据已设的控制点进行调整，符合要求后，加固并浇筑二期混凝土。为保证底止水安装质量，在门叶全部安装完毕后，进行启闭试验时安装底槛，安装时以门叶实际位置为基准，并根据门叶关闭后止水橡皮的压缩程度适当调整底槛，合格后浇筑二期混凝土。

（2）门叶安装。首先在底枢轴座上安装半圆球轴（蘑菇头），同时测出门叶的安装位置，一般设置在与闸门全开位置呈120°～130°的夹角处。门叶安装时需有2个支点，底枢半圆球轴为一支点，在接近斜接柱的纵梁隔板处用方木或型钢铺设另一临时支点。根据门叶大小、运输条件和现场吊装能力，通常采用整体吊装、现场组装和分节吊装等三种安装方法。

4. 启闭机的安装方法

在水工建筑物中，专门用于各种闸门开启与关闭的起重设备称为闸门启闭机。将启闭闸门的起重设备装配、安置在设计确定部位的工程称作闸门启闭机安装。

闸门启闭机安装分固定式和移动式启闭机安装两类。固定式启闭机主要用于工作闸门和事故闸门，每扇闸门配备1台启闭机，常用的有卷扬式启闭机、螺杆式启闭机和液压式启闭机。移动式启闭机可在轨道上行走，适用于操作多孔闸门，常用的有门式、台式和桥式。

（1）大型固定式启闭机的一般安装程序：

①埋设基础螺栓及支撑垫板；

②安装机架；

③浇筑基础二期混凝土；

④在机架上安装提升机构；

⑤安装电气设备和安保元件；

⑥联结闸门作启闭机操作试验，使各项技术参数和继电保护值达到设计要求。

(2)移动式启闭机的一般安装程序：

①埋设轨道基础螺栓；

②安装行走轨道，并浇筑二期混凝土；

③在轨道上安装大车构架及行走台车；

④在大车梁上安装小车轨道、小车架、小车行走机构和提升设备；

⑤安装电气设备和安保元件；

⑥进行空载运行及负荷试验，使各项技术参数和继电保护值达到设计要求。

二、闸门工程的主要安全注意事项

闸门工程在施工中主要有土石方开挖和填筑、地基处理、闸门、启闭机安装等施工工序。

(一)土石方开挖、填筑的安全规定

(1)建筑物的基坑土方开挖应本着先降水、后开挖的施工原则，并结合基坑的中部开挖明沟加以明排。

(2)水措施应视工程地质条件而定，在条件许可时，先进行降水试验，以验证降水方案的合理性。

(3)降水期间必须对基坑边坡及周围建筑物进行安全监测，发现异常情况及时研究处理措施，保证基坑边坡和周围建筑物的安全，做到信息化施工。

(4)若原有建筑物距基坑较近，视工程的重要性和影响程度，可以采用拆迁或适当的支护处理。基坑边坡视地质条件，可以采用适当的防护措施。

(5)在雨季，尤其是汛期必须做好基坑的排水工作，安装足够的排水设备。

(6)基坑土方开挖完成或基础处理完成，应及时组织基础隐蔽工程验收，

及时浇筑垫层混凝土，对基础进行封闭。

（7）基坑降水时应符合下列规定：

①基坑底、排水沟底、集水坑底应保持一定深度差；

②集水坑和排水沟应设置在建筑物底部轮廓线以外一定距离；

③基坑开挖深度较大时，应分级设置马道和排水设施；

④流沙、管涌部位应采取反滤导渗措施。

（8）基坑开挖时，在负温下，挖除保护层后应采取可靠的防冻措施。

（9）土方填筑还应遵守下列规定：

①填筑前，必须排除基坑底部的积水、清除杂物等，宜采用降水措施将基底水位降至 0.5m 以下；

②填筑土料，应符合设计要求；

③高岸、翼墙后的填土应分层回填、均衡上升。靠近岸墙、翼墙、岸坡的回填土宜用人工或小型机具夯压密实，铺土厚度宜适当减薄。

（二）地基处理的安全规定

（1）原状土地基开挖到基底前预留 30 ~ 50cm 保护层，在建筑施工前，宜采用人工挖掘，并使基底平整，对局部超挖或低区域宜采用碎石回填。基底开挖之前宜做好降水、排水，保证开挖在干燥状态下施工。

（2）对加固地基，基坑降水应降至基底面以下 50cm，保证基底干燥平整，以利地基处理设备施工安全，施工作业和移机过程中，应将设备支架的倾斜度控制在其规定值之内，严禁设备倾覆事故的发生。

（3）对桩基施工设备操作人员，应进行操作培训，取得合格证书后方可上岗。

（4）在正式施工前，应先进行基础加固的工艺试验，工艺及参数批准后展开施工。成桩后应按照相关规范的规定抽样，进行单桩承载力和复合地基承载力试验，以验证加固地基的可靠性。

（三）预制构件蒸汽养护规定

（1）每天应对锅炉系统进行检查，每批蒸养构件之前，应对通汽管路、阀门进行检查，一旦损坏及时更换。

（2）应定期对蒸养池顶盖的提升桥机或吊车进行检查和维护。

（3）在蒸养过程中，锅炉或管路发现异常情况，应及时停止蒸汽的供应。同时无关人员不应站在蒸养池附近。

（4）浇筑后，构件应停放 2～6h，停放温度一般为 10～20℃。

（5）升温速率：当构件表面系数大于等于 6 时，不宜超过 15℃/h；表面系数小于 6 时，不宜超过 10℃/h。

（6）恒温时的混凝土温度，不宜超过 80℃，相对湿度应为 90%～100%。

（7）降温速率：当表面系数大于等于 6 时，不应超过 10℃/h；表面系数小于 6 时，不应超过 5℃/h；出池后构件表面与外界温差不应大于 20℃。

（四）构件安装的安全规定

（1）构件起吊前应做好下列准备工作：

① 大件起吊运输应有单项安全技术措施；起吊设备操作人员必须具有特种操作许可证。

② 起吊前应认真检查所用一切工具设备，均应良好。

③ 起吊设备起吊能力应有一定的安全储备。必须对起吊构件的吊点和内力进行详细的内力复核验算。非定型的吊具和索具均应验算，符合有关规定后才能使用。

④ 各种物件正式起吊前，应先试吊，确认可靠后方正式起吊。

⑤ 起吊前，应先清理起吊地点及运行通道上的障碍物，通知无关人员避让，并应选择恰当的位置及随物护送的路线。

⑥ 应指定专人负责指挥操作人员，进行协同吊装作业。各种设备的操作信号必须事先统一规定。

（2）构件起吊与安放应遵守下列规定：

① 构件应按标明的吊点位置或吊环起吊；预埋吊环必须为Ⅰ级钢筋（即 A3 钢），吊环的直径应通过计算确定。

② 不规则大件吊运时，应计算出其重心位置，在部件端部系绳索拉紧，以确保上升或平移时的平稳。

③ 吊运时必须保持物件重心平稳，如发现捆绑松动或吊装工具发生异样、怪声，应立即停车进行检查。

④翻转大件应先放好旧轮胎或木板等垫物，工作人员应站在重物倾斜方向的对面，翻转时应采取措施防止冲击。

⑤安装梁板，必须保证其在墙上的搁置长度，两端必须垫实。

⑥用兜索吊装梁板时，兜索应对称设置。吊索与梁板的夹角应大于60°，起吊后应保持水平，稳起稳落。

⑦用杠杆车或其他方法安装梁板时，应按规定设置吊点和支垫点，以防梁板断裂，发生事故。

⑧预制梁板就位固定后，应及时将吊环割除或打弯，以防绊脚伤人。

⑨吊装工作区应严禁非工作人员入内。大件吊运过程中，重物上严禁站人，重物下面严禁有人停留或穿行。若起重指挥人员必须在重物上指挥时，应在重物停稳后站上去，并选择在安全部位和采取必要的安全措施。

⑩气候恶劣及风力过大时，应停止吊装工作。

（3）在闸室上、下游混凝土防渗铺盖上行驶重型机械或堆放重物时，必须经过验算。

（4）永久缝施工应遵守下列规定：

①一切预埋件应安装牢固，严禁脱落伤人。

②采用紫铜止水片时，接缝必须焊接牢固，焊接后应采用柴油渗透法检验是否渗漏，并须遵守焊接的有关安全技术操作规程。采用塑料和橡胶止水片时，应避免油污和长期暴晒，并有保护措施。

③使用柔性材料嵌缝处理时，应搭设稳定牢固的安全脚手架，系好安全带逐层作业。

第三节　泵站

一、泵站概述

（一）水泵的类型

水泵的用途非常广泛，品种繁多，对它的分类方法各不相同。按水泵的工作原理一般可分为叶片泵、容积式泵和其他类型泵。

　　叶片泵是指通过叶轮的高速旋转运动，将能量传递给流经其内部的液体，使液体能量增加；泵的工作体是带有叶片的叶轮。按工作原理又可分为离心泵、轴流泵、混流泵。除以上叶片式泵外，按照使用范围和结构特点，还可分为长轴井泵、潜水电泵、水轮泵等。

　　容积式泵是通过工作室容积的周期变化输送液体的。容积式泵根据工作室容积的改变方式，又分为往复泵和回转泵两种。往复泵是利用柱塞在泵缸内做往复运动来改变工作室容积而输送液体。

　　其他类型泵是指叶片式泵和容积式泵以外的特殊泵。在灌排泵站中有射流泵、水锤泵、气升泵、螺旋泵、内燃泵等。其中，除螺旋泵是利用螺旋推进原理来提高液体的位能外，其他各种泵都是利用工作流体传递能量来输送液体。

　　1. 离心泵

　　利用泵体中的叶轮在动力机（电动机等）的带动下高速旋转，使泵内的水不断被叶轮甩向水泵出口，而在水泵进口处造成负压，进水池中的水在大气压的作用下经过底阀、进水管流向水泵进口。按轴的安装方式可分为卧式泵和立式泵，按叶轮的吸水方式可分为单吸式泵和双吸式泵。

　　2. 轴流泵

　　泵轴从弯管处穿出，叶轮装在泵轴下端部，放在水面以下，旋转时产生推力，将水由下往上推送。因水流与泵轴平行，所以称为轴流泵。轴流泵的特点是流量大、扬程低、效率高；泵体的外形尺寸小，占机房面积小。平原地区的排灌站多采用这种形式。按其安装方式可分为立式、卧式和斜式三种。

　　3. 混流泵

　　其特点是在叶轮旋转时既产生离心力，也产生推力，因而得名。水流在进出叶轮的方向是倾斜的，亦称斜流泵。这种泵的特点是中等扬程、流量较大、结构简单、体积小、重量轻、使用方便，适于农村排灌需要。混流泵使用时亦需泵内充水。

　　4. 井泵

　　专用于从井中抽水进行灌溉。根据井水面的深浅，又分为浅井泵和深井泵。井泵多采用立式电动机带动，整台机组可分为三部分：电动机安装在最上面，中间是水管和传动轴，下面是水泵。

5. 潜水泵

根据扬程大小可分为浅井式潜水泵和深井式潜水泵，是由电动机、水泵和出水管等三部分组成。这种泵型是针对井泵的弱点加以改进而制成的。潜水泵具有结构简单、体积小、重量轻、安装使用方便、适应性强、不怕雨淋水淹等特点。

6. 水轮泵

利用水流自身的力量，把低处的水扬到高处，用以灌溉高处农田。这种泵型是把作为动力用的水轮机和作为扬水用的水泵装在同一轴上。当山涧水流往下流动时，利用水流冲击水轮机，从而使主轴带动水泵叶轮一起旋转，达到向高地扬水的目的。

这种泵型的特点是结构简单，潜没在水下工作，靠水力作用运转，不用其他动力。但适用范围小，在有充足水量和集中水头的地点，如急流、跌水和瀑布等处可以安装使用。

7. 水锤泵

利用水流从高处下泄时的冲力，使冲击泵的排水口阀门关闭，发生水锤（水击）作用，使水冲进缓冲筒，当水锤作用消失时，排水口阀门开启，水流再次冲击阀门发生水锤作用。如此往复，缓冲筒（相当于水电站调压井）变为压力水，水从出水管上扬。

水锤泵与水轮泵不同之点是前者所需流量较小，扬程较高，出水时不均匀，水源的水量不需要很大，但要求落差较大；后者则反之。

我国有的山区人畜饮水困难，在多雨季节，有条件时，可以利用上述两种泵型将水扬至高地蓄水池内，作为人畜给水或小型灌溉使用，特别是在没有电力和没有适当地点建库时更为适用。

井泵与潜水泵是发展井灌和为人畜给水的有效工具，但需要电力。这是我国华北、西北平原地区不可少的机灌设备。但应对机井设施进行统一规划，研究地下水补给和下降引起的后果。

离心泵、轴流泵和混流泵是农田排灌最常用的三种泵型。平原地区排灌泵站，由于流量大，扬程低，一般多采用轴流泵。

水泵类型多、构造复杂，本节只介绍了几种类型泵。实际工程中需根据泵站规划合理选择水泵。

(二) 泵站工程分类

1. 按任务分类

(1) 供水泵站。包括农田灌溉泵站、工业供水泵站及城乡居民给水泵站。

(2) 排水泵站。包括农田排水泵站、城镇排水泵站、工业排水泵站及矿山排水泵站等。

(3) 调水泵站。主要指跨流域调水泵站，其功能有沿途的供水、灌溉、排水、搬运等。

(4) 加压泵站。在利用长管道输送水、油、泥浆、水煤浆等的情况下，需要中途加压而设立的泵站。

(5) 蓄能泵站。火电厂和核电反应堆是不允许间断工作的。为了确保电网的稳定运行，在夜间有余电时，可以用来抽水蓄能，而在用电高峰时再用于发电。这类泵站称为蓄能泵站或抽水蓄能电站。

2. 按水泵的类型分类

按水泵的类型可分为离心泵站、轴流泵站和混流泵站。

3. 按动力分类

按动力分类可分为电动泵站、机动泵站、水轮泵站、风力泵站和太阳能泵站。此外，还可按被抽液体的性质分为水泵站、油泵站、泥浆泵站和灰渣泵站等。

(三) 泵站工程枢纽布置

泵站的枢纽布置是根据泵的性质和任务，综合考虑现实的条件和远景发展的需要，选择确定泵站主体工程建筑物和附属建筑物的种类和形式，并根据工程安全、运行管理方便的原则合理布置各建筑物的位置。

泵站主体建筑物一般包括取水建筑物 (引水渠或涵、管、隧洞)、进水建筑物 (前池、进水池、进水流道或管道)、泵房、出水流道 (管道)、出水建筑物等。附属建筑物一般是与主体工程配套的各种用途的节制闸、变电站、修配厂以及办公、生活用房等。泵站枢纽的布置形式取决于建站的目的 (供水、排水或排灌结合)、水源种类和特性，以及建站地点的地形、地质和水文地质条件等。泵站枢纽的总体布置应尽量满足便于施工、运输管理方便、总体布置美观以及经济合理的要求，同时还应考虑站区内环境美化和道路交通的要求。

1. 供水泵站枢纽布置

供水泵站按其供水对象的不同，可分为农田灌溉泵站、城镇给水泵站以及工业给水泵站等类型。布置形式主要有以下几种：

（1）有引水建筑物的布置形式：

①引水建筑物为引水渠的布置形式。这种布置多用于在水源岸边坡度较缓，且水源与供水点相距较远的场合。在满足引水要求的情况下，为了节省工程投资和运行费用，泵房位置应通过经济比较进行确定，通常将泵房建在靠近供水点，地形地质较好的挖方中。当水源水位变幅较大时，则应在此渠道渠首建进水闸，控制进入引水渠的水量。这种布置方式多用在平原和丘陵地区从河流、渠道或湖泊取水的泵站中。

②引水建筑物为压力管道的布置形式。这种布置方式多用在水源水位变幅较大的河流，且主流离岸边较远，又无法开挖引水渠的场合。这种布置方式通常在主流河床中设置取水头部，取水头部与泵站进水建筑物通过引水压力管道相连。这种布置方式也可用在泵站从水位变幅较大的水库取水的场合。这时常将取水头部设置在水库死水位以下，将泵房建在坝后，引水钢管直接与水泵进口相连。

（2）无引水建筑物的布置形式：

①岸边式泵站布置形式。这种布置形式多用在水源水位变幅较大，水源岸坡陡峻，且供水点与水源之间的距离较近的场所。将泵房修建在水源岸边或将泵房部分或全部淹没在水中，直接从水源中取水。这种形式的泵房受水源水位变化影响大，泵房挡水的要求高，施工难度大，工程造价高，因此，当泵站流量较小时，常采用泵船或泵车方案。

②井泵泵站。井灌区使用最多的两种井泵是长轴井泵和潜水电泵。长轴深井泵的动力机一般安装在井上，其泵体浸没在井中地下水面以下，动力机轴与水泵轴通过长传动轴相连。潜水泵则是把水泵轴和电动机轴直联或同轴组装成一个整体安装在水源水面以下运行。

2. 排水泵站枢纽布置

（1）自流排水与提水排水相结合的布置形式。排水区的排水多采用以自排为主，自排与提排相结合的方式。只有当承泄区的水位高于排水区水位时才利用泵站进行提排。按照自流排水建筑物与泵房的关系，排水泵站的枢纽布置可分为自流排水闸与泵房分建和合建两种形式。

（2）提排提灌结合，并考虑自排自灌的布置形式。排水区内由于地形和不同季节气候的差异，有时外水位低于区内地面，遇暴雨可以自排，而在旱季又需要用机械提水灌溉；有时外水位较高，区内有些地方需要提排，而高地又要提灌，这时可以用一套机电设备，兼有灌溉与排水的功能。这类泵站就称为排灌结合泵站。这种泵站布置上应以泵房为主体，充分发挥附属建筑物的作用，以达到排灌结合的目的。

二、泵站施工注意事项

（一）水泵的基础施工

（1）水泵基础施工有度汛要求时，应按设计及施工需要，汛前完成度汛工程。

（2）水泵基础应优先选用天然地基。承载力不足时，宜采取工程加固措施进行基础处理。

（3）水泵基础允许沉降量和沉降差，应根据工程具体情况分析确定，满足基础结构安全和不影响机组的正常运行。

（4）水泵基础地基如为膨胀土地基，在满足水泵布置和稳定安全要求的前提下，应减小水泵基础底面积，增大基础埋置深度，也可将膨胀土挖除，换填无膨胀性土料垫层，或采用桩基础。膨胀土地基的处理应遵守下列规定：

① 膨胀土地基上泵站基础的施工，应安排在冬旱季节进行，力求避开雨季，否则应采取可靠的防雨水措施。

② 基坑开挖前应布置好施工场地的排水设施，天然地表水不应流入基坑。

③ 应防止雨水浸入坡面和坡面土中水分蒸发，避免干湿交替，保护边坡稳定，可在坡面喷洒水泥砂浆保护层或用土工膜覆盖地面。

④ 基坑开挖至接近基底设计标高时，应留3m左右的保护层，待下道工序开始前再挖除保护层。基坑挖至设计标高后，应及时浇筑素混凝土垫层保护地基，待混凝土达到50%以上强度后，及时进行基础施工。

⑤ 泵站四周回填应及时分层进行。填料应选用非膨胀土、弱膨胀土或掺有石灰的膨胀土；选用弱膨胀土时，其含水量宜为 1.1～1.2 倍塑限含水量。

(二) 固定式泵站施工安全规定

（1）泵站基坑开挖、降水及基础处理的施工应遵守以下规定：

① 建筑物的基坑土方开挖应本着先降水、后开挖的施工原则，并结合基坑的中部开挖明沟加以明排。

② 降水措施应视工程地质条件而定，在条件许可时，先进行降水试验，以验证降水方案的合理性。

③ 降水期间必须对基坑边坡及周围建筑物进行安全监测，发现异常情况及时研究处理措施，保证基坑边坡和周围建筑物的安全，做到信息化施工。

④ 若原有建筑物距基坑较近，视工程的重要性和影响程度，可以采用拆迁或适当的支护处理。基坑边坡视地质条件，可以采用适当的防护措施。

⑤ 在雨季，尤其是汛期，必须做好基坑的排水工作，安装足够的排水设备。

⑥ 基坑土方开挖完成或基础处理完成，应及时组织基础隐蔽工程验收，及时浇筑垫层混凝土对基础进行封闭。

⑦ 基坑降水时应符合下列规定：

a. 基坑底、排水沟底、集水坑底应保持一定深差；

b. 集水坑和排水沟应设置在建筑物底部轮廓线以外一定距离；

c. 基坑开挖深度较大时，应分级设置马道和排水设施；

d. 流沙、管涌部位应采取反滤层防渗措施。

（2）泵房水下混凝土宜整体浇筑。对于安装大、中型立式机组或斜轴泵的泵房工程，可按泵房结构并兼顾进、出水流道的整体性设计分层，由下至上分层施工。

（3）泵房浇筑，在平面上一般不再分块。如泵房底板尺寸较大可以采用分期分段浇筑。

（4）泵房钢筋混凝土施工应按照相应规定进行。

（三）金属输水管道制作与安装安全规定

（1）钢管焊缝应达到标准，且应通过超声波或射线检验，不应有任何渗漏水现象。

（2）钢管各支墩应有足够的稳定性，保证钢管在安装阶段不发生倾斜和沉陷变形。

（3）钢管壁在对接接头的任何位置表面的最大错位：纵缝不应大于2mm，环缝不应大于3mm。

（4）直管外表直线平直度可用任意平行轴线的钢管外表一条线与钢管直轴线间的偏差确定：长度为4m的管段，其偏差不应大于3.5mm。

（5）钢管的安装偏差值：对于鞍式支座的顶面弧度，间隙不应大于2mm；滚轮式和摇摆式支座垫板高程与纵、横向中心的偏差不应超过 ±5mm。

（四）缆车式泵房施工安全规定

（1）缆车式泵房的岸坡地基必须稳定、坚实。岸坡开挖后应验收合格，才能进行上部结构物的施工。

（2）缆车式泵房的压力输水管道的施工，可根据输水管道的类别，按金属输水管道制作与安装安全规定执行。

（3）缆车式泵房的施工应遵守下列规定：

① 应根据设计施工图标确定各台车的轨道、输水管道的轴线位置。

② 应按设计进行各项坡道工程的施工。对坡道附近上、下游天然河岸应进行平整，满足坡道面高出上、下游岸坡300～400mm的要求。

③ 斜坡道的开挖应本着自上而下、分层开挖的原则，在开挖过程中，密切注意坡道岩体结构的稳定性，加强爆破开挖岩体的监测。坡道斜面应优先采用光面爆破或预裂爆破，同时对分段爆破药量进行适当控制，以保证坡道的稳定。

④ 开挖的坡面的松动石块，在下层开始施工前，应撬挖清理干净。

⑤ 斜坡道施工中应搭设完善的供人员上下的梯子，工具及材料运输可采用小型矿斗车运料。

⑥ 在斜坡道上打设插筋、浇筑混凝土、安装轨道和泵车等，均应有完

善的安全保障措施，落实后才能施工。

⑦坡轨工程如果要求延伸到最低水位以下，则应修筑围堰、抽水、清淤，保证能在干燥情况下施工。

（五）浮船式泵站施工安全规定

（1）浮船船体的建造应按内河航运船舶建造的有关规定执行。

（2）输水管道沿岸坡敷设，接头应密封、牢固；如设置支墩固定，支墩应坐落在坚硬的地基上。

（3）浮船的锚固设施应牢固，承受荷载时不应产生变形和位移。

（4）浮船式泵站位置的选择，应满足下列要求：

①水位平稳，河面宽阔，且枯水期水深不小于1.0m。

②避开顶冲、急流、大回流和大风浪区以及与支流交汇处，且与主航道保持一定距离。

③河岸稳定，岸坡坡度在1∶1.5～1∶4之间。

④漂浮物少，且不易受漂木、浮筏或船只的撞击。

（5）浮船布置应包括机组设备间、船首和船尾等部分。当机组容量较大、台数较多时，宜采用下承式机组设备间。浮船首尾甲板长度应根据安全操作管理的需要确定，且不应小于2.0m。首尾舱应封闭，封闭容积应根据船体安全要求确定。

（6）浮船的设备布置应紧凑合理，在不增加外荷载的情况下，应满足船体平衡与稳定的要求。不能满足要求时，应采取平衡措施。

（7）浮船的型线和主尺度（吃水深、型宽、船长、型深）应按最大排水量及设备布置的要求选定，其设计应符合内河航运船舶设计规定。在任何情况下，浮船的稳性衡准系数不应小于1.0。

（8）浮船的锚固方式及锚固设备应根据停泊处的地形、水流状况、航运要求及气象条件等因素确定。当流速较大时，浮船上游方向固定索不应少于3根。

（9）船员必须经过专业培训，取得船员合格证件才可上岗操作。船员应有较好的水性，基本掌握水上自救技能。

第五章 橡胶坝工程运行管理

第一节 管理制度

一、橡胶坝概述

橡胶坝工程能否充分发挥应有的效益，除了有合理的规划、设计、施工及高质量的坝袋外，还必须建立工程管理机构。对工程加强运行管理和维护是十分重要的。

橡胶坝工程主要包括土建工程、橡胶坝袋、锚固系统和充排控制系统等。土建工程管理和维护如同一般闸坝，坝袋、锚固和充排控制三部分是橡胶坝工程独有的项目。因此应按其特性进行运行管理和养护。

橡胶坝袋是高分子材料，在日晒、水浸的环境中运行，并受复杂的自然条件侵袭和各种外力和人为因素的作用，其状态不断地变化。如坝袋胶布老化变质和磨损，过坝漂浮物的刺伤，强烈振动被撕裂，以及锚固构件的松动、损坏，充排系统失灵等。如不及时发现、及时修理，则其缺陷必将逐渐发展，影响橡胶坝的安全，严重的甚至会导致工程失事。实践证明，有的橡胶坝工程，由于认真运行和管理，积极地养护修理，不仅保证了工程的正常使用，而且还能延长坝袋使用寿命。例如河南省禹县一座橡胶坝，坝袋胶布骨架材料为维纶帆布，坝袋正常运行20多年都完好无损。相反，一些橡胶坝工程由于管理不善，工程出现了缺陷，又没有及时地发现或没有采取必要的维修措施，工程运行不到几年，就失去了挡水作用。同样，坝袋锚固结构被损坏，充排运行不当，控制系统失灵，都会造成工程失事。为确保工程正常运行，延长坝袋的使用寿命，充分发挥工程的最大效益，工程单位在工程竣工后，必须建立管理机构，进行科学的管理。

橡胶坝是水利工程应用较为广泛的河道挡水建筑物，是用高强度合成纤维织物作受力骨架，内外涂敷橡胶作保护层，加工成胶布，再将其锚固于底板上成封闭状的坝袋，通过充排管路用水（气）将其充胀形成的袋式挡水坝。坝顶可以溢流，并可根据需要调节坝高，控制上游水位，以发挥灌溉、发电、航运、防洪、挡潮等效益。

在应用时以水或气充胀坝袋，形成挡水坝。不需要挡水时，泄空坝内的水或气，恢复原有河渠的过流断面，在行洪河道的水或气应进行强排，以满足河道行洪在时间上的要求。

（一）橡胶坝的形式

橡胶坝分袋式、帆式及刚柔混合结构式三种坝型，比较常用的是袋式坝型。坝袋按充胀介质可分为充水式、充气式和气水混合式；按锚固方式可分为锚固坝和无锚固坝，锚固坝又分为单线锚固和双线锚固等。

橡胶坝按岸墙的结构形式可分为直墙式和斜坡式。直墙式橡胶坝的所有锚固均在底板上，橡胶坝坝袋采用堵头式，这种形式结构简单，适应面广，但充坝时在坝袋和岸墙结合部位出现拥肩现象，引起局部溢流，这就要求坝袋和岸墙结合部位尽可能光滑。斜坡式橡胶坝的端锚固设在岸墙上，这种形式坝袋在岸墙和底板的连接处易形成褶皱，在护坡式的河道中，与上、下游的连接容易处理。

（二）橡胶坝组成及其作用

橡胶坝结构主要由三部分组成。

1. 土建部分

土建部分包括基础底板，边墩（岸墙），中墩（多跨式），上、下游翼墙，上、下游护坡，上游防渗铺盖或截渗墙，下游消力池、海漫等。铺盖常采用混凝土或黏土结构，厚度视不同材料而定，一般混凝土铺盖厚 0.3m，黏土铺盖厚度不小于 0.5m。护坦（消力池）一般采用混凝土结构，其厚度为 0.3～0.5m。海漫一般采用浆砌石、干砌石或铅丝石笼，其厚度一般为 0.3～0.5m。

（1）底板。橡胶坝底板形式与坝型有关，一般多采用平底板。枕式坝为减小坝肩，在每跨底板端头一定范围内做成斜坡。端头锚固坝一般都要求底板面平直。对于较大跨度的单个坝段，底板在垂直水流方向上设沉降缝。

（2）中墩。中墩的作用主要是分隔坝段，安放溢流管道，支承枕式坝两端堵头。

（3）边墩。边墩的作用主要是挡土，安放溢流管道，支承枕式坝端部堵头。

2. 坝体（橡胶坝袋）

用高强合成纤维织物作受力骨架，内外涂上合成橡胶作黏结保护层的胶布，锚固在混凝土基础底板上，形成封闭袋形，用水（气）的压力充胀，形成柔性挡水坝。主要作用是挡水，并通过充坍坝来控制坝上水位及过坝流量。橡胶坝主要依靠坝袋内的胶布（多采用锦纶帆布）来承受拉力，橡胶保护胶布免受外力的损害。根据坝高不同，坝袋可以选择一布二胶、二布三胶、三布四胶，采用最多的是二布三胶。一般夹层胶厚度为 0.3～0.5mm，内层覆盖胶大于 2.0mm，外层覆盖胶大于 2.5mm。坝袋表面上涂刷耐老化涂料。

3. 控制和安全观测系统

控制和安全观测系统包括充胀和坍落坝体的充排设备、安全及检测装置。

二、橡胶坝管理制度

橡胶坝工程管理单位应根据设计单位和坝袋生产厂拟定的运行管理条例，结合工程具体情况，制定切实可行的管理办法和相应的制度，报上级主管部门批准后执行。同时还应根据工程应用情况，积累资料总结经验，适时进行修订，并呈上级审批。要确保工程合理和安全运行、充分发挥工程效益，要建立岗位责任制度，建立责、权、利相结合的制度，以调动管理人员的积极性。在有条件的地方，还应开展综合经营进行创收。

管理制度一般包括计划、技术、经营管理制度，水质、水情监测制度，汛期水情联系和预报制度，工程检查和各项观测制度，安全生产和安全保卫制度，请示报告和工作总结制度，财务、器材管理制度，事故处理报告制度，考核和奖惩制度等。

第二节　管理工作

一、橡胶坝工程管理工作主要内容

（1）橡胶坝管理人员应该全面掌握工程的各部分结构、设计意图、施工情况及工程中存在问题，并掌握运行控制系统、监测系统和养护维修等各项技术。

（2）贯彻执行上级主管部门的指示，做好工程控制运用。

（3）对工程进行检查和观测，并做好详细记录。经常进行养护和修理，消除工程缺陷，维护工程完整性，确保工程安全。

（4）掌握气象和水情，做好防洪、防凌工作。

（5）掌握坝袋修补技术，并备有一般的修补材料及修补工具，能够进行日常的局部的修补。

（6）建立日常的管理登记制度和技术档案。

（7）做好安全保卫工作，并向群众做好保护橡胶坝的宣传工作。建立日常的管理登记制度和技术档案。

（8）利用水土资源，开展综合经营。

二、橡胶坝工程管理范围和安全区域

橡胶坝工程应有管理范围和安全区域。具体管理范围和安全区域由相关权力机构根据工程等级和重要性划定。其所有权归管理单位。管理区最小范围一般为上游距坝轴线不得小于100m，下游距坝轴线不得小于50m。工程的两端岸线管理范围应根据工程具体情况和环境确定。在管理范围内树立标志，严禁在管理水域炸鱼、采砂、排污；严禁在距坝趾500m内爆破采石和进行危及工程和人身安全的一切活动。有些工程可以开展旅游娱乐事业，但建设娱乐场、游泳池等，均要按洪水淹没范围和确保溃坝时不危及人身生命安全等情况进行设计，要加强防护措施。安全保卫工作中还应规定非工作人员禁止上坝，管理人员不得穿带有钉的鞋和携带烟火上坝。

三、橡胶坝的运行管理

在修建橡胶坝的过程中，水利工程应严格控制河流和雨水区的水质，并与当地水利、气象等有关部门保持密切联系与合作。科学控制水位和水道时，橡胶坝水利工程效益最大。在填充坝袋之前，必须检查上游的水状况，以防损坏上游，必须清除坝袋中的垃圾，必须彻底清除尖锐或固体废物，以防坝袋进水时损坏，检查坝袋是否正确安装，以及发动机、泵、控制室内的加油管道和阀门是否完好。关闭坝袋上排气阀和下排水阀时，坝袋内水泵的启动一般不能一次完成，需要多次完成。两次输入之间的间隔至少应为30分钟，如果出现进水，应在大坝附近进行特殊布袋观测，以防止事故发生。坝袋充至坝水位一半以上后，打开排气口，排出坝袋中多余的气体，破裂后关闭排气口。大坝按规定高度充水后，关闭水泵，迅速关闭坝袋与水泵之间的阀门，防止倒灌。

在排水之前，要对坝袋下游地区的河流进行严格的检查与巡视，在确保防水后不会影响坝袋对他造成损害，要检查大坝周围有无尖锐物体，以防破裂时损坏。当橡胶坝降至规定高度时，打开坝与泵之间的阀门，启动泵，关闭泵与机组之间的阀门。在此类铺设和排水工程中，应实时控制大坝内的水压（气体），防止其压力超过设计标准。在超高压长期运行模式下，坝体老化过程将加快，对工程安全构成严重威胁。

橡胶坝施工期间，应严格控制水和雨水条件，严格执行防洪办公室的指示，制定防洪应急预案，并在汛期到来前进行人员培训。上游洪水发生前，应及时拆除堤坝，确保水流安全，并按照上级指示进行。此外，在大坝出现之前，应提前通知相关单位和部门，以避免损坏下游大坝的排水系统；溢流期结束后，应及时筑堤，防止水资源枯竭。

北方河流冬季结冰时，要制定专门的防冻方案。为防止橡胶坝在冰压作用下受损，可采取以下措施：冬季结冰时尽量不排水，但在河床结冰前合理调整袋高，防止坝顶冲破上游坝顶；弹簧压碎袋顶部的冰通常从下游开始使用手动冰钻，通过上游的除冰通道对大块冰进行除冰，并监控大坝周围的交通，以防止冰摩擦和生产事故。

橡胶坝夏季高温运行时，可适当降低坝体填筑高度，并在橡胶坝顶保持一定的溢流深度，可有效降低坝体填筑温度，延缓坝体老化。

因此，有必要对橡胶坝的施工进行检查，实时监控橡胶坝的施工进度和运行情况，及时评估橡胶坝的运行安全性，采取有效措施确保工程安全，防止事故发生。因此，应定期检查橡胶坝的施工是否符合大坝安全规范；如遇洪水、台风、强震等重大安全事故，橡胶坝施工过程中应进行专项现场安全检查。检查坝袋是否被尖锐物体划伤或割伤，坝袋表面是否损伤，大坝是否覆盖橡胶，是否有气泡、裂缝等老化损伤，大坝蒙皮是否变形、脆性、磨损和断裂，还应检查橡胶坝的锚固密度和金属结构的腐蚀损伤。但在实践中，当橡胶坝固定在水下且在运行中溢出时，很难观察和检查橡胶坝，因此，当大坝未受损时，有必要确定飞轮因其位置和自然崩塌而出现的异常情况；检查电机工作是否正常，充排水系统阀门是否泄漏，回路系统是否完好，仪表是否准确；检查有无裂缝、沉淀物、渗漏、腐蚀、滑坡、隆起、松动、主坑开挖、排水等；检查坝区照明、通信、控制系统和防护设施的正确性，详细记录检查结果，发现问题及时报告，采取有效措施，确保设施安全正常运行。

因此，可靠的控制系统是橡胶坝有效施工的坚实基础。水利部还制定了《橡胶坝技术规范》（SL 227-1998），是规范橡胶坝规划、设计、施工和管理的规范性文件。指导小组应严格按照规范要求，结合区域、流域和工程特点，认真制定相关规范和规定，确保橡胶坝的规范化管理和运行，确保橡胶坝的先进性，科学规范地管理和建设。在项目管理过程中，运营管理层应制定规则和前提条件，及时分析和纠正问题，以满足不同时期项目管理的需要。

四、橡胶坝科学管理办法

首先，科学合理的管理方法是橡胶坝建设效益的重要保证。控制中心应监督泄漏合并和安全运行，尤其是在输水工程的施工和管理过程中，不仅要确保河床工程的安全，确保两岸居民的生命财产安全，还要确保足够的施工用水。橡胶坝施工和运行期间，应根据上游集水区、水道和水电站的流量编制水分析预算，并根据多年经验调整相关系数，及时进行反算，调整橡胶坝高度，疏通洪峰，确保安全运行。此外，如果上游发生洪水，大量漂浮物将流入下游，速度快，难以控制，容易损坏大坝。为了防止和减少洪水对设施造成的破坏和影响，在橡胶坝上游建立了污染控制网络，重点是封闭漂浮物。

此外，城市橡胶坝的建设一般以生态水和景观水为主。枯水期是水质管理的主要阶段。一方面，这一时期降水量减少，来水量小，不能及时输送和净化，容易形成死水，使水质下降；另一方面，人类活动释放的污染物可能导致水资源的富集和水质的恶化。根据旱季水质特点，管理机构不仅要定期监测水质，还要加强全区水资源的日常管理，及时清理地表垃圾，依法制止污染物的非法排放，避免水污染。污染严重的，应当及时向有关主管部门报告，并向环境保护专业人员申请水的净化和循环利用。

作为日常管理的一部分，应注意橡胶坝的运行、高度和袋压，以及雨季前橡胶坝和相关设施的修复。本文主要研究橡胶坝下墙与下墙之间的尖锐差异，以避免在损坏、断裂或倾覆时墙与墙之间产生摩擦。溢油事故发生后，重点是技术改造、降低溢油危害及应急措施。检查螺栓座是否生锈并采取措施确保其不会"锈死"。

此外，清晰、开放的管理理念对橡胶坝建设的效益也非常重要。在城市，修建橡胶坝的社会效益往往超过直接经济效益。其主要功能是供水和美化环境。因此，在橡胶坝科学、规范、安全运行的基础上，重点利用河流景观资源，美化城市环境，提升城市形象，维护城市景观。工程单位要从过去的综合治理理念出发，改变单一的思维模式，坚持政府政策，积极整合周边资源，充分利用资源、环境和场所，积极规划建设优质河流，深入挖掘文化水管，突出水文化魅力，比如针对城市水资源短缺，在集水区供水和景观水资源、城市绿化用水、游船、冰上项目、赛事、垂钓等项目中，最大的发挥橡胶坝利民，造福于民的作用。

五、橡胶坝运行管理中存在问题与解决措施

（一）橡胶坝运行管理中存在问题分析

1. 设计时缺少冲砂设施

某地许多地区处于山区丘陵地带，河道比降大，遇到较大洪水后，河流会携带大量流沙淤积在坝前，因没有冲砂闸，橡胶坝又处在运行阶段，大

量泥沙无法过坝，造成坝前淤积。同时，砂石还易被水流带入上游坝袋锚固槽，或过坝后因负压作用吸入坝袋底部。在坝袋与坝墩接触部位，当坝袋发生振动或蠕动，就会与沙砾产生摩擦，一旦遇到特别尖锐物体，就极易损坏，造成经济损失。

2. 管理者缺乏管理经验

在橡胶坝建成后，政府对其后期运行管理的重视程度还是有所欠缺的。例如，对于管理者的甄选就出现了问题。橡胶坝的运行是科学且有规律的，但在政府配备的管理人员当中，一部分人并不具备管理橡胶坝的运行的能力。橡胶坝在我国的运行已经很多年了，但过去的橡胶坝水利工程规模都比较小，相对来说也比较好管理。近年来由于经济的发展，其建设的规模也越来越大，对其管理模式就不能再像从前那么漫不经心了。政府配备的管理者在专业方面的不足导致其对橡胶坝的运行管理不够彻底，问题便层出不穷了。

3. 橡胶坝的管理系统信息不健全

信息时代的到来促使橡胶坝的管理需要依赖信息系统的建立。但我国的橡胶坝建立时间并不长，很多时候管理部门会忽略对于信息系统的建立。信息系统建设不健全，导致管理者无法及时收集到橡胶坝的运行信息，同时对运行的数据整理速度产生阻碍。管理者既没办法及时收到信息，也没办法及时作出分析整理和反馈，如此便造成了管理者对橡胶坝运行管理的失误。

4. 管理者对橡胶坝的管理手段不科学

管理者没有科学地管理橡胶坝，并不是管理者准备不够充分，而是对橡胶坝没有很好地把握其运行规律。盲目地管理橡胶坝，致使很多决策的失误，耽误了橡胶坝的维护，同时又耗费了大量的人力和物力。

(二) 强化橡胶坝运行管理的主要措施

1. 培养有经验的管理者

要想顺利管理橡胶坝的运行，首先要培养出专业的管理者。在管理者的选拔过程中，选出有实践经验的专业人才，后期的培养也应该做到定时定量。对橡胶坝的管理人员要定期进行培训，并且为其提供进修的机会，在增加其管理经验的同时又提升其专业能力。还要培养其思想道德素养，促使其对于橡胶坝的管理尽心尽力、认真负责。

2. 充分掌握橡胶坝的运行规律

要充分掌握橡胶坝的运行规律，首先要多向其他橡胶坝工程的管理人员讨教经验和咨询。同时，管理者要及时研究该橡胶坝的工程，研究其针对环境作出的不同的运行程序。橡胶坝的管理需要管理者依据其运行规律，在不同情况做出不同的应对措施，如此便能顺利运行橡胶坝，保证其运行时间长久，保证工程最大限度地为人们谋求福利。

3. 健全橡胶坝管理系统的网络信息

网络时代的到来预示着每个管理人员都要具体认知网络。橡胶坝工程需要依托网络的支持，政府应大力支持建设网络信息系统，根据信息系统的便捷，为管理者提供庞大的数据源，并且能够帮助管理者实时监控橡胶坝的运行状态。政府健全网络信息系统，使管理者节省大量的时间用来研究管理技能，双向了解和管理橡胶坝，使橡胶坝的管理问题迎刃而解。

(三) 对橡胶坝建设与未来发展问题的建议

从目前大多数橡胶坝工程的现状来看，谈几点可持续发展的建议：

1. 加大附属设施方面投资力度

（1）管理房建设面积要满足人员办公、设备布置、文化娱乐等方面的需要，同时还要满足设计新颖、造型美观、与周边环境发展相协调的要求。

（2）环境建设要从环保、景观、旅游等方面综合考虑，加大投入力度。

（3）工作桥墩上的装饰要美观，使它既方便运行管理又能与坝体形成一个景区。

2. 把水利工程建设成为景观工程

从工程设计到施工，在保证工程效益的前提下，应大力提倡工程美化与环境美化建设，适应人们旅游观光的需要，彻底扭转以往水利工程单一的局面，把橡胶坝建成一道靓丽的风景。

3. 全力打造围水经济

橡胶坝在征地时应将旅游项目等用地一同考虑，要学习山东烟台市、辽宁沈阳市在橡胶坝建设时把综合开发项目也列为征地范围，为可持续发展奠定基础。牡丹江橡胶坝右岸现有可开发面积 3 万 m^2，已初步规划建设以养殖、餐饮、旅游、观光等综合项目为主的旅游区，形成以橡胶坝为中心，全力打造围水经济，为做好工程管理、稳定职工队伍、扩大社会效益等方面创造条件，可谓一举多得、事半功倍。

第三节　工程检查与观测

检查与观测可以掌握橡胶坝工程整体状态，可以全面及时地发现一些事故苗头或隐患，并及时处理。

一、工程检查类别

工程检查分经常检查、定期检查和特别检查三种。

(一) 经常检查

橡胶坝工程有着与其他闸坝工程不同的特点，它的主体是橡胶坝袋。而橡胶坝袋是柔性体，它是否处于完善状态，是否能正常运行，一方面取决于工程自身状态好坏，如坝袋、锚固件和充排设备及土建部分；另一方面取决于工程所处的环境优劣，如上、下游水位，上、下游水流流态，上、下游冲淤情况及气温水文等情况。为了工程运行安全，管理人员必须经常检查。经常检查的方法，可用眼看、耳听、手摸等办法对工程及设备各部位进行巡视和巡查。

(二) 定期检查

有些橡胶坝工程是季节性挡水工程，秋后塌坝，春季立坝蓄水。因此，在每年春秋两季的坝袋运行前后，必须对坝袋进行全面检查。每年初次立坝挡水应检查岁修工程完成情况；汛后应检查工程变化和损坏情况；冬季运行的橡胶坝工程要着重检查防冻、防凌措施情况。

(三) 特别检查

当遭遇到特大洪水、暴雨、暴风、强烈地震和重大工程事故等特殊情况时，很容易使工程受损甚至破坏，这严重影响工程安全运行，因此必须进行特别检查。

二、工程检查内容

（1）管理范围内有无违章建筑和危害工程安全的活动，环境是否整洁美观。

（2）橡胶坝袋有无被漂浮物、机械或人为的刺伤刮破；坝袋胶布有无磨损、起泡、膨胀、脱层、龟裂、粉化和生物蛀蚀等现象；坝袋里面胶层有无磨损、脱层等现象；帆布层是否发生永久变形、脆化、霉烂等现象。

（3）锚固件有无松动，金属件有无变形锈蚀，混凝土件有无损坏，木质件有无翘曲、劈裂及生物化学侵蚀等。

（4）动力设备运转是否正常，电气设备是否安全可靠，充排设备是否正常，管路有无堵塞和漏水（气）现象，阀门是否灵活，管道接头是否牢固，安全保护装置是否动作准确可靠，指示仪表是否指示正确、接地可靠，管道、闸阀等易锈蚀件是否锈蚀。

（5）端墙上的排气孔或坝袋上的排气阀是否畅通完好，安全溢流管和其逆止阀有无损坏。

（6）充排系统进出口、安全溢流管及其他安全控制设备是否灵活未堵塞。

（7）充坝前和坝袋挡水运行时，坝袋前面有无漂浮物和堆积物，坝后有无杂物。

（8）坝袋运行中，若坝顶溢流时，要随时观察坝袋是否出现振动或拍打现象。

（9）每年冬季橡胶坝停运期间，是否采取了防冻措施。

（10）枕式坝袋的两端墙与坝袋堵头接触范围的墙面及塌落范围底板是否完好光滑，锚固件（包括锚固槽）有无损坏。

（11）土工建筑物有无雨淋沟、塌陷、裂缝、渗漏、滑坡和白蚁兽害等，排水系统、导渗设施有无损坏、堵塞、失效，堤坝连接段有无渗漏等迹象。

（12）块石护坡有无塌陷、松动、隆起、底部掏空、垫层散失，边墩、中墩和护坡有无倾斜、滑动、勾缝脱落，排水设施有无堵塞、损坏等现象。

（13）混凝土建筑物有无裂缝、腐蚀、磨损、剥蚀、露筋及钢筋锈蚀等情况，伸缩缝止水有无损坏、漏水及填充物流失等情况。

（14）水下工程有无冲刷破坏，消力池内有无砂石堆积，上、下游引河有无淤积、冲刷等情况。

（15）上游水流是否平顺，有无折冲水流、洄流、漩涡等不良流态；下游水跃是否发生在消力池内；河水有无污染。

（16）照明、通信、安全防护设施及信号标志是否完好。

三、观测内容及资料整理

橡胶坝管理单位可根据工程具体情况拟定其观测项目、观测方法和观测时间。观测工作应保持其系统性和连续性，对观测资料进行整理分析，提出成果报告，对橡胶坝设计原理、计算方法和施工方法进行验证。

（一）观测内容

（1）坝袋内压及上、下游水位观测。坝袋内压随运行工况而变动，应根据上、下游河流水位，掌握其变化规律。

采用测压管测量压力和水位，要保证引水管不堵塞。测压管必须清洁透明，管径不宜过大，以保证其灵敏度。如果采用压力传感器进行观测，应定期对压力传感器进行校核。

（2）河床冲淤观测。河床冲刷一般发生在防冲槽后的河段。冲淤观测范围应视河床质量而定，同时又要以冲淤不危及建筑物安全和保证泄量为原则。一般取河宽的 1～3 倍距离。测量断面间距应根据具体情况确定，在河道易冲刷部位，如防冲槽后、急弯、断面收缩或扩散，或比降有显著变化等河段应适当加密。

（3）水流流态观测。水流流态观测一般采用目测。主要监测过坝水流对消能设施的影响。当发现漩涡、洞流、折冲水流、浪花翻涌等不良水流时，应详细记录，并随即采取调整坝高等措施予以解决。

（4）水位流量观测。对未设水文测站的橡胶坝工程，应进行水位、流量观测，并绘制水位与流量关系曲线作为控制运行的依据。

（二）资料整理

资料整理是经常性的工作，在每次观测结束后应及时进行资料计算、检查和校核。资料整编时应对观测成果进行审查复核，着重审核考证图表是否正确，观测标号与以往是否一致，整编项目、测次、测点是否齐全，计算、曲线有无错误、遗漏等，并填制整编图表，对成果进行分析及编写说明。

第四节　工程养护与维修

橡胶坝在运用中，不断地遭受各种不良因素的作用，使工程产生不同程度的损坏，使坝袋胶布质量逐渐被削弱。因此，为了保证工程及设备完整整洁、安全使用、操作自如、延长使用寿命，必须经常做好养护修理工作。进行养护修理时，应着重于日常维护工作，一旦发现工程及设备缺陷和隐患，应及时修复，做到小坏小修，随坏随修，防止缺陷扩大和带病运用。在养护修理工作中，因地制宜地采用新技术、新材料、新工艺、务求经久耐用、经济和有效。若坝袋被刺伤或砸穿漏水，应停止塌坝使用，伤痕多者应筑围堰进行修补，少者可将坝袋吊起，在干燥状态下修补。

一、工程养护维修的类别

（1）经常性的养护维修。根据经常检查发现的缺陷和问题，进行日常的养护和局部修补。

（2）岁修。根据定期检查发现的缺陷和问题，对工程设施进行必要的修补和局部改善。

（3）大修。根据特别检查，发现工程和设施严重损坏，修复工作量大，且修补技术又比较复杂时，工程管理单位应报请上级主管部门组织有关单位，专门研究制定修复计划和修补方案，报批后执行。

（4）抢修。坝袋在运行过程中突发意外事故，致使坝袋破裂或控制设备失灵等，要立即上报主管单位，并组织人员进行抢修。

二、橡胶坝工程的养护

(一) 橡胶坝袋的养护

橡胶坝袋的损坏原因可分为两大类：一是由于坝袋材质老化；另一原因是坝袋胶布被磨破、刺伤等局部发生集中应力而被撕裂。因此，橡胶坝袋的养护，要针对其损坏原因去进行养护。

1. 防止延缓坝袋材质老化

(1) 坝袋材质老化的原因。橡胶坝袋使用寿命与气候、使用条件、受力状况及坝袋胶布的制造质量及厚度因素有关。

① 大气老化。坝袋在不同气候地区使用，老化速度不同，使用寿命也不同。在湿热气候条件下，老化速度较快；寒冷气候条件下，老化速度较慢。

② 户外暴露和户外浸水的老化。浸水部分耐老化性能较好，暴露大气部分强度下降较快，干湿交替变化部分介于两者之间。

③ 变形状态下的老化。坝袋在使用时充胀变形，拉伸越大，老化越快。

④ 坝袋厚度越小，老化越快。

⑤ 坝袋老化过程。老化主要表现在坝袋表面橡胶层发生粉化、龟裂、膨胀、起泡、脱层、破裂等现象，其中帆布层发生永久变形、脆化、破烂等情况。

⑥ 坝袋胶布使用寿命的估算。坝袋在实际使用时，使其老化的因素有光、热、氧、臭氧、水和应力等，但最主要的因素是拉应力下的臭氧作用。采用人工加速臭氧老化方法，推算求得坝袋胶布的使用寿命为13～25年；统计我国已建橡胶坝工程，坝袋使用寿命一般为15～20年。有些工程使用寿命更长。

(2) 延长坝袋使用寿命的措施。

① 改进胶料的配方，提高胶料耐水性、耐温性和耐老化性。

② 在坝袋表面涂刷防老化涂层，减缓坝袋的老化过程。涂层有氯丁橡胶改性涂层，氯磺化聚乙烯涂层和聚醚酯聚酯涂层。

③ 采用防老化复合层，其主要材料为氯磺化聚乙烯 (40型)。

④ 增加里外胶层厚度，增加帆布的有效保护胶层，以减小胶层的伸长率，延缓胶布强度降低的时间。

⑤ 在高温季节采用降低坝袋的温度，如间断地保持坝袋一定的溢流水深或喷水降温。

2. 防止坝体出现集中应力

（1）防止坝袋被磨损。

① 运行中的坝袋在水流作用下会产生蠕动、振动和拍打现象，使坝袋与混凝土底板表面和端墙表面产生摩擦、撞击，致使坝袋遭受磨损，甚至帆布被磨穿产生了集中应力而撕破坝袋。因此，养护措施是通过工程实际运行情况，掌握坝袋发生振动、拍打条件，在运行中避开这些条件，以避免坝袋遭受磨损。如果坝袋出现振动、拍打等现象，可通过调节坝高来消除。

② 将坝袋塌落部位和端墙混凝土表面磨光或涂刷环氧液。如果坝袋下游面被磨损，可粘贴耐磨胶布，增加其抗磨性能。

③ 及时清除坝袋下游底板存留的砂、石等堆积物。

（2）防止坝袋被刺伤。

① 清除上游漂浮物，以防过坝时刺伤坝袋。

② 北方冬季运行的橡胶坝，在坝袋上游临水应保持一条不冻的水域，以防冰凌刺伤坝袋。河宽不大的工程可采用人工破冰，如河道较宽的工程可采用气动等机械办法破冰。

③ 如冬季塌坝停运，对坝袋应加以防护，以避免被石块、尖锐物体和人为刺伤；在充胀挡水前，应谨慎地清除坝袋上的堆积物，以免在充胀过程中被堆积物刮破。

（二）锚固件的养护

（1）锚固件若有松动、脱落，应及时按设计要求加以紧固和补齐。

（2）金属锚固件要定期作防锈处理。

（3）木质锚固件应作防腐处理，劈裂件应及时更换。

（4）混凝土锚固件破裂露筋的应及时更换。

（5）锚固槽封锚被破坏应及时处理并磨平。

（三）充排设备的养护

（1）对于充排动力设备如电动机、水泵、空压机和风机等出现故障或损坏，必须按有关机械要求及时排除、修复或更换。

（2）对于充排管道及其附件易锈蚀构件，应定期除锈涂刷防锈漆以防锈蚀。

（3）必须随时清除滞留在安全溢流管及排气管口的淤积物或其他杂物，以保持两管通畅。

三、土建工程的养护

基础底板、边墙、中墩、护坦、铺盖、海漫、护坡等建筑物发生变形和破损，应按原设计要求修复。特别是坝袋塌落范围和枕式坝端墙的混凝土表面应保持平整光滑，破损处应修复。

四、橡胶坝袋的修理

坝袋的修理主要视损坏程度来定修理方法。穿孔可用螺纹栓方法，撕裂口不大时，塌坝可采用螺栓夹板组合方法进行修补，以上修理方法均属于应急措施。洪水过后塌坝应重新进行冷粘修补。对于外胶层磨损，局部龟裂、开胶、脱落等表面性损伤，也应采用粘贴胶片方法修理。为确保坝袋正常运行，必须对坝袋经常进行维修。坝袋发生缺陷和损坏后，要及时进行修理，小坏小修，防止缺陷扩大。

（一）坝袋在使用中常见的损坏情况

（1）刺伤或刮伤。

（2）磨损。

（3）开胶、脱落。

（4）起泡脱层。

（5）撕裂。

(二)坝袋修理工艺

1. 准备工作

(1)工具。木锉或手提式电动砂轮机,吹风机和毛刷等。

(2)材料。坝袋胶布、胶片、密封胶布、胶浆、列克那、苯或120号汽油等。

2. 操作程序

(1)将坝袋破损处清洗干净,晒干平放,画出修补范围,剪好所用的补强胶布(胶片)。

(2)将木板垫在需要修补部位的坝袋下面,用本锉或砂轮机把坝袋破损处和补强胶布进行打毛,且将黏结面上的胶粉等杂物清洗干净,用甲苯或120号汽油擦洗一遍。

(3)把事先配制好的胶浆搅拌均匀。

(4)用手刷在黏结面上涂刷胶浆3~4遍,每遍干燥时间因气温不同而异,一般第一遍为20~25min,第二遍为10~15min,第三遍或第四遍为最重要的一遍。以胶浆不粘手、对粘有细丝状态为适。若粘接地点温度低、湿度大,则可用吹风机加温去湿。补强胶布(胶片)与坝袋胶布同样要打毛、清洗、刷浆。

(5)把补强胶布(胶片)对正画定的位置,采用手压碾顶推补强胶布向前贴合,可使搭接面不存留气体。然后再用手压碾、花压碾反复压实,进一步排出气泡,使贴合面黏合密实牢固。

(6)在补强胶布边缘粘贴封口胶片并压实。

(7)最后用沙袋或重物平压达24h以上,方能使用。

3. 技术要求

(1)坝袋现场粘补,宜在温度为18~25℃,相对湿度低于70%的情况下进行。

(2)搭接面打毛按一定顺序进行,要求均匀平整,不能露布和伤及帆布。

(3)按顺序涂刷胶浆,力求均匀,不得过厚,避免阳光暴晒;搭接面严防受尘土杂物和水污染。

(4)补强胶布(胶片)黏合后,用手碾纵横反复压实,不得留有空隙和残存气泡，保证黏合牢固。

（5）在自然硫化期间，坝袋补强部位不得折叠，严防水浸泡。

4. 注意事项

（1）补强胶布经纬向须同原坝袋胶布方向一致。

（2）列克那、甲苯等均有毒性，注意安全。

（3）操作过程要认真、细致，严格按修补程序进行。

（4）修补现场禁止烟火。

（三）修理方法

以二布三胶胶布为例：

（1）面胶层轻度磨损或刺伤、刮伤，但未伤及帆布的，可采用粘补胶片修理。其粘补胶片的周边要大于受损面边缘 5~10cm。

（2）局部外层胶和第一层帆布磨损，则在坝袋磨损部位填胶后贴补与原坝袋等强度的胶布，其补强胶布和坝袋胶布的经纬向要相同。补强胶布的尺寸要比磨损部位的四周大 10cm 以上，补强胶布周边必须粘贴封口胶条。

（3）坝袋胶布被磨穿或刺成小孔洞，可采用将孔洞填胶后，在坝袋内外表面分别粘补与原坝袋等强度的胶布，且经向、纬向与原坝袋胶布相同。补强胶布尺寸至少比磨损周边大 15cm。

（4）胶布起泡，分两种情况：

①胶泡，即面胶层的水泡。修补方法是首先去掉面胶，烘干帆布。

②布泡，即帆布层的水泡。可分为两种修补方法：不割掉帆布，排出其中水，并用吹风机吹干；挖掉帆布，相当于坝袋被磨穿或刺成小孔。

（5）坝袋在运行中，突遭创伤应采取抢救措施。

①螺纹栓方法。如创伤孔口直径小于 6mm 时，可选用锥形螺纹栓堵塞孔口防止漏水。

②螺栓夹板组合方法。如果穿孔较大或局部撕裂面积不大时，可采用穿孔螺栓夹板方法进行修补。穿孔螺栓夹板方法的螺栓要事先焊在钢板上。坝袋胶布用手提电钻钻孔，孔距伤口边缘应大于 6cm。

（6）坝袋大面积被撕裂冷粘修补方法。橡胶坝冷粘技术目前在我国橡胶坝袋小型修补中已有成功的应用。例如河南省一座橡胶坝工程在运行中，曾被人用刀割开 1.8m 长的大口子，使坝袋无法使用。北京橡胶十厂在没有拆卸坝袋的情况下，仅用了 1 天的时间，就将破损部位现场粘接修补完毕，节省了时间和资金，保证了橡胶坝袋的正常运行。北京市的一座橡胶坝，在坝袋安装过程中，坝袋的堵头被撕开长近 1m 的两个大口子，使得坝袋无法安装。北京橡胶十厂利用冷粘技术，经过 8h 将坝袋修好，保证了坝袋的按时安装。这些修复后的橡胶坝袋工程运行正常。坝袋大面积被撕裂的修补关键问题是如何选用新坝袋胶布。某橡胶坝工程第二道橡胶坝建成，河床断面为复式断面，深槽坝坝高 4m，长 30m。两侧浅槽坝每跨长 85m，两段副坝各长 89.2m，坝高 1.5m。东主坝、东西副坝坝袋撕裂面积达 390m²。该橡胶坝袋进行现场换段修补，国内外尚无先例。为此，北京橡胶十厂对坝袋胶布制造工艺过程进行分析研究，并配以实验，成功地完成了这一项艰巨的任务。

橡胶坝在生产过程中，胶布经过一次硫化定型，胶布在硫化时经过高温高压，锦纶帆布受热之后收缩，胶布的各种性能达到最佳状态。在这种情况下，把经过一次硫化定型的胶布冷粘成型橡胶坝袋，这时的冷粘接缝的伸长与胶布的伸长是一致的，成型后坝袋变形小，外观质量好。根据这一原理，修补坝袋采用冷粘方法。此外，旧坝袋经过充坝运行后，胶布经向已经变形伸长，胶布伸缩变形率与同型号规格的新坝袋胶布相比较小，为防止修补新、旧坝袋胶布伸缩不一样，或立坝运行时，换段部位胶布出现局部的"肿胀"，必须先了解旧坝袋胶布型号，再选用新坝袋胶布将新旧坝袋胶布进行拉伸扯断变形实验，以寻求新旧坝袋胶布变形伸长率相同的新坝袋胶布。实验结果表明，所选用的新坝袋胶布强度虽比旧坝袋胶布强度提高了 20kN/m，但两者扯断伸长率差别不大，故所选用的新坝袋胶布是可以作为修补旧坝袋的胶布的。

从相关实验可看出，冷粘接头的剪切力均大于坝袋母材纬向强度，并且冷粘强度不小于热压合的粘接强度。同时，从坝袋胶布的冷粘接缝老化实验结果看出，热空气老化 100℃ × 96h 胶布经向强力和热老化 70℃ × 96h 坝布经向强力均大于规范规定的标准，热淡水老化 70℃ × 96h 后坝袋胶布附着力也均大于规定要求。以上多项实验结果可说明，可以采用冷粘方法进行坝袋大面积换段，所选用的新坝袋胶布 J100100-1 和 J100100-2 也是能满足工程要求的。

为保证修补工作顺利实施，在坝袋粘补前做了以下准备工作：

① 清理现场、清洗坝袋，并把粘补作业场地打扫干净。

② 对整个坝袋进行全面检查，对破坏部位做好标识，并登记造册，确定需要更换段部分坝袋。橡胶坝袋是一种柔性薄壳体，所以换段部分坝袋尺寸必须在拆除锚固后将坝袋展平的状态下进行量测，拆锚长度与坝高有关，一定要满足撕裂的坝袋展平要求。拆锚过短，坝袋不能展平，过长造成浪费。换段要避开坝袋原有的接缝，更不能撕开原搭接缝进行换段粘接。画好两侧换段控制线，量好坝袋径向长度和裁掉部分坝袋尺寸，并记录在册。核对无误后，最后确定胶布生产制作尺寸。制作坝袋胶布尺寸要考虑两个粘接缝的搭接宽度。坝袋径向长度以现场量测为准。

③ 确定换段部分坝段尺寸后，为了保证修补前、后坝袋的形状不改变，需提前在坝袋和底板长度方向上间隔5m，标注几道坝袋的安装控制线，以便安装坝袋时定位。为避免安装时出现混乱，要提前对拆下的垫平片、锚固件进行编号，然后根据需要确定拆下范围。

④ 搭接缝宽度。一布二胶胶布搭接宽度为18～20cm，二布三胶胶布搭接宽度为20～30cm。为保证搭接部分打毛的一致，安排熟练的专职人员，采用专用的电动圆盘钢丝刷进行打毛。打毛时要使电动圆盘钢丝刷平放，毛面要均匀、无槽痕、无亮处为准，同时毛面切忌沾污油渍。最后使换段坝袋平放、就位。新、旧坝袋中心线要对齐，以免粘接时坝袋胶布错位。

搭接部位涂胶浆前，用配制好的溶剂（甲苯）洗刷一次。然后测试温度、湿度，室外温度15～25℃，湿度70%以下。按比例配制胶浆，其中自硫胶100份，列克纳3～5份及溶剂适量。一布二胶坝布涂胶3遍，二布三胶胶布涂胶4遍。胶浆由厂家现场配制，为保证胶浆凝结晶点一致，一个粘接过程所需用的胶浆需一次配制好。胶桶一律密封放置。涂胶时，要有规则地按顺序涂胶。对于涂胶时间较长，粘补面积较大的坝袋，涂胶时要由两人相向而进完成涂胶，以保证粘接处的胶浆凝结晶点一致。涂刷胶浆的间隔时间，一般第一遍晾干20～30min即可涂刷第二遍，再晾干10min可涂刷第三遍。第三遍为最重要的一遍，应严格掌握时间，过早过晚均影响粘接的质量，一般为2～3min即可。以摸着不粘手、对粘有劲，并呈现拉丝细密的状态为宜。对于涂胶4遍的二布三胶胶布，第二遍涂胶方法增加一次。若粘接现场温度低湿度偏大时，需采用 500～1000W 的碘钨灯烘烤或用暖风器吹干加温，以保证粘接质量。

为保证粘接质量和粘接后的坝袋长度不变，需采取分段粘接的办法，即粘补一个接缝分三段粘接完成。涂好最后一次胶浆后，要按粘补线从每段的中间往两侧赶粘，粘接面之间不得残存气泡。随即用手压碾、花压辊按顺序压实。再用配重 200kg 的滚压车来回压实 10 遍以上。分段粘接必须要保证在前后接茬处的刷胶和压实要一致。第一段粘接完后，对于两侧的接茬，要掀开坝袋用蘸溶剂的毛刷刷开 10cm 左右，以两粘接面呈细密拉丝状态为宜。然后，再用电动圆盘钢丝刷、木锉对局部重新打毛处理，用溶剂清洗后，把第二次需要粘接的新、旧坝袋胶布平放就位，涂胶浆进行第二次分段粘接。第三次分段粘接与第二次相同。一个分段接缝粘补完后，在截口边缘重新打毛，清洗，涂胶浆两遍，粘贴好封口胶条，以防止坝袋骨架材料绵纶丝老化。至此，换段坝袋的第一个粘接缝全部粘好。以此类推，粘接其他接缝。

坝袋粘接好后，在温度 18～25℃下放置 24h，即可进行安装。为保持原坝形状，按原来的锚固边线和预见选标注的安装控制线，并进行锚固安装，然后进行分级充水试坝。

橡胶坝大面积换段冷粘成型工艺研究填补了坝袋大面积破损严重的现场修补工艺的空白。通过对不同修复方案进行比较，现场换段冷粘修补比拆除运回厂家修补破损坝袋，既节省投资又节省时间，比更换坝袋更节省投资。

第五节　控制运用

控制运用的基本任务是在确保橡胶坝工程安全的前提下，合理安排、充分发挥橡胶坝工程的综合利用效益。管理单位应根据工程特点和运行工况，制定控制运用方案和操作规程，经上级主管部门批准后，管理人员必须严格执行。

（1）禁止橡胶坝袋超高超压运行。即充水（或气）不得超过设计内压力。

一般情况下，充水式坝主要以设计坝高来控制，而充气式坝常以坝袋设计内压力作为控制的主要指标。

（2）单向挡水的橡胶坝严禁用于双向挡水。

（3）必须按设计和使用要求进行操作，同时在运行期间应注意观测。

（4）坝袋充胀应按下列条款进行：

①端头锚固的充水式橡胶坝，在坝袋充水时，要把排气孔打开，待坝袋充胀到规定高度时，如果袋内存有气体，可采用人工赶气，然后将排气孔关闭。

②充水式枕式橡胶坝，充水前把排气阀关闭，待坝袋充胀到 1/2～2/3 坝高时，再把排气阀打开排气，待袋内气体排除后关闭排气阀。

③充气式橡胶坝，充气前排除空压机内凝结水和机油，对于我国北方冬季使用的充气坝，还要排除袋内的冷凝水。

④对于较高的橡胶坝，在充胀坝袋时，宜分级充胀，每级停留时间不得少于 0.5h。若上、下游无水时，最大充胀坝高宜为设计坝高的 80%。要有专人现场控制和观察，以便发现异常现象时采取必要的措施。

⑤对于多跨橡胶坝、充胀立坝或泄空塌坝的顺序，应按工程具体情况制定出可行的操作方法。一般应对称缓慢充塌坝袋，以调整下游消力池和河道水流流态，不发生集中水流或折冲水流冲刷。

⑥建在多泥沙河流上的橡胶坝工程，应以蓄清排沙为原则，掌握泥沙运动规律，适时地利用泄洪时机将泥沙冲走。当坝袋塌落被泥沙覆盖再次充坝时，视覆盖的程度可分多次逐渐充至设计高度。如覆盖层过厚则需采用人工处理。

⑦橡胶坝在坝顶溢流过程中，受水流脉动压力的影响，坝体易产生振动。振动强度主要与溢流水深、下游水位、过坝水流流态和坝体溢流时的充胀高度等因素有关。因此除在水工结构布置设计时考虑过坝水流平顺外，在运行过程中应注意观测，避免出现引起坝袋振动的溢流水深、坝高、下游水位等的组合因素。在运行中发现坝体振动时，可采取调节坝高，控制坝顶溢流水深等措施来减轻或消除坝袋振动。当下游水位增高时，坝袋塌平易发生漂浮、拍打等现象。为此可向坝内充水，增加坝袋稳定性。

（5）在寒冷地区的橡胶坝，应注意防冻。冬季不运行的坝，入冬前应放空坝袋内及管内积水，使橡胶坝保持自然塌落状态，严禁人畜踩踏坝袋。冬季可利用冻冰层或积雪层来保护坝袋。坝袋冻在冰层下，或覆盖积雪0.3～0.5m 厚，对保护橡胶坝是有利的，因为橡胶坝的材料可在 −38～45℃不脆化。冬季运行挡水的橡胶坝，冰冻期可采取坝前破冰的办法，在坝袋前开凿一条小槽，防止冰压力对坝体的作用。如冻层不深，由于坝体黑色吸热和坝表面光滑呈曲线形，故坝袋前的结冰层不易与坝袋冻结。应该指出，在冰冻期不可调节坝高，待坝袋内的冰凌溶解后方可立坝或塌坝。一般情况，坝内的冰凌先融化，坝外的冰层后解冻，可适当调节坝高溢泄冰凌。

（6）对于采用楔块锚固的橡胶坝，由于冰冻产生冻胀力使楔块上拔而松动，所以每年解冻时，必须对坝袋的锚固结构进行全面检查，重新夯实楔块并进行充水试验，以确保锚固的安全可靠。

第六章　水利工程治理的技术手段

第一节　水利工程治理技术

一、现代理念为引领

现代理念，概括为用现代化设备装备工程，用现代化技术监控工程和用现代化管理方法管理工程。加快水利管理现代化步伐，是适应由传统型水利向现代化水利及可持续发展水利转变的重要环节。我国经济社会的快速发展，一方面，对水利工程管理技术有着极大的促进作用；另一方面，对水利工程管理技术的现代化有着迫切的需要。今后水利工程管理技术将在现代化理念引领下，有一个新的更大的飞跃。今后一段时期的工程管理技术将会加强水利工程管理信息化建设工作，工程的监测手段会更加完善和先进，工程管理技术将基本实现自动化、信息化、高效化。

二、现代知识为支撑

现代水利工程管理的技术手段，必须以现代知识为支撑。随着现代科学技术的发展，现代水利工程管理的技术手段得到长足发展。主要表现在工程安全监测、评估与维护技术手段得到加强和完善，建立并开发了相应的工程安全监测、评估软件系统，并对各监测资料建立统计模型和灰色系统预测模型，对工程安全状态进行实时地监测和预警，实现工程维修养护的智能化处理，为工程维护决策提供信息支持，提高工程维护决策水平，实现资源的最优化配置。水利工程维修养护实用技术被进一步广泛应用，如工程隐患探测技术、维修养护机械设备的引进开发和除险加固新材料与新技术的应用，将使工程管理的科技含量逐步增加。

三、提升经验

我国有着几千年的水利工程管理历史，我们应该充分借鉴古人的智慧和经验，对传统水利工程管理技术进行继承和发扬。中华人民共和国成立后，我国的水利工程管理模式也一直采用传统的人工管理模式，依靠长期的工程管理实践经验，主要通过人工观测、操作进行调度运用。近年来，随着现代技术的飞速发展，水利工程的现代化建设进程不断加快。为满足当代水利工程管理的需要，我们要对传统工程管理工作中所积累的经验进行提炼，并结合现代先进科学技术进行应用。打造一个技术先进、性能稳定实用的现代化管理平台将成为现代水利工程管理的基本发展方向。

第二节　水工建筑物安全监测技术

一、监测技术的基本概念

(一) 监测及监测工作的意义

监测即检查观测，是指直接或借专设的仪器对基础及其上的水工建筑物从施工开始到水库第一次蓄水的整个过程，以及在运行期间所进行的监测量测与分析。

工程安全监测在中国水电事业中发挥着重要作用，已成为工程设计、施工、运行管理中不可缺少的组成部分。概括起来，工程监测具有如下几个方面的作用：

（1）了解建筑物在荷载和各类因素作用下的工作状态和变化情况，据此对建筑物质量和安全程度作出正确判断和评价，为施工控制和安全运行提供依据。

（2）及时发现不正常的现象，分析原因，以便进行有效的处理，确保工程安全。

（3）是检查设计和施工水平，发展工程技术的重要手段。

（二）工作内容

工程安全监测一般有两种方式，即现场检查和仪器监（观）测。

现场检查是指对水工建筑物及周边环境的外表现象进行巡视检查的工作，可分为巡视检查和现场检测两项工作。巡视检查一般是靠人的直觉并采用简单的量具进行定期和不定期的现场检查；现场检测主要是用临时安装的仪器设备在建筑物及其周边进行定期或不定期的一种检查工作。现场检查有定性的，也有定量的，以了解建筑物有无缺陷、隐患或异常现象。现场检查的项目一般多为凭人的直观或辅以必要的工具可直接地发现或测量的物理因素，如水文方面的侵蚀、淤积，变形方面的开裂、塌坑、滑坡、隆起，渗流方面的渗漏、排水、管涌，应力方面的风化、剥落、松动，水流方面的冲刷、振动等。

仪器监（观）测是借助固定安装在建筑物相关位置上的各类仪器，对水工建筑物的运行状态及其变化进行的观察、测量工作，包括仪器观测和资料分析两项工作。仪器观测的项目主要有变形观测、渗流观测、应力应变观测等，是对作用于建筑物的某些物理量进行长期、连续、系统定量的测量，水工建筑物的观测应按有关技术标准进行。

现场检查和仪器监（观）测属于同一个目的的两种不同技术表现，两者密切联系，互为补充，不可分割。世界各国在努力提高观测技术的同时，仍然十分重视检查工作。

二、巡视检查

（一）一般规定

巡视检查分为日常巡视检查、年度巡视检查和特别巡视检查三类。从施工期开始至运行期均应进行巡视检查。

1. 日常巡视检查

管理单位应根据水库工程的具体情况和特点，具体规定检查的时间、部位、内容和要求，确定巡回检查路线和检查顺序。检查次数应符合下列要求：

（1）施工期，宜每周2次，但每月不少于4次。

（2）初蓄水期或水位上升期，宜每天或每两天1次，具体次数视水位上升或下降速度而定。

（3）运行期，宜每周1次，或每月不少于2次。汛期，高水位及出现影响工程安全运行情况时，应增加次数，每天至少1次。

2. 年度巡视检查

每年汛前、汛后，用水期前后和冰冻严重时，应对水库工程进行全面或专门的检查，一般每年2～3次。

3. 特别巡视检查

当水库遭遇强降雨、大洪水、有感地震、水位骤升骤降或持续高水位等情况，或发生比较严重的破坏现象和危险迹象时，应组织特别巡视检查，必要时进行连续监视。水库放空时，应进行全面巡查。

（二）检查项目和内容

1. 坝体

（1）坝顶有无裂缝、异常变形、积水或植物滋生等；防浪墙有无开裂、挤碎、架空、错断、倾斜等。

（2）迎水坡护坡有无裂缝、剥（脱）落、滑动、隆起、塌坑或植物滋生等；近坝水面有无变浑或漩涡等异常现象。

（3）背水坡及坝趾有无裂缝、剥（脱）落、滑动、隆起、塌坑、雨淋沟、散浸、积雪不均匀融化、渗水、流土、管涌等；排水系统是否通畅；草皮护坡植被是否完好；有无兽洞、蚁穴等；反滤排水设施是否正常。

2. 坝基和坝区

（1）坝基基础排水设施的渗水水量、颜色、气味及浑浊度、酸碱度、温度有无变化。

（2）坝端与岸坡连接处有无裂缝、错动、渗水等；坝端岸坡有无裂缝、滑动、崩塌、溶蚀、塌坑、异常渗水及兽洞、蚁迹等；护坡有无隆起、塌陷等；绕坝渗水是否正常。

（3）坝趾近区有无阴湿、渗水、管涌、流土或隆起等；排水设施是否完好。

(4) 有条件时，应检查上游铺盖有无裂缝、塌坑。

3. 输、泄水洞（管）

(1) 引水段有无堵塞、淤积、崩塌。

(2) 进水塔（或竖井）有无裂缝、渗水、空蚀、混凝土碳化等。

(3) 洞（管）身有无裂缝、空蚀、渗水、混凝土碳化等；伸缩缝、沉陷缝、排水孔是否正常。

(4) 出口段放水期水流形态是否正常；停水期是否渗漏。

(5) 消能工有无冲刷损坏或沙石、杂物堆积等。

(6) 工作桥、交通桥是否有不均匀沉陷、裂缝、断裂等。

4. 溢洪闸（道）

(1) 进水段（引渠）有无坍塌、崩岸、淤堵或其他阻水障碍；流态是否正常。

(2) 堰顶或闸室、闸墩、胸墙、边墙、溢流面、底板有无裂缝、渗水、剥落、碳化、露筋、磨损、空蚀等；伸缩缝、沉陷缝、排水孔是否完好。

(3) 消能工有无冲刷损坏或沙石、杂物堆积等，工作桥、交通桥是否有不均匀沉陷、裂缝、断裂等。

(4) 溢洪河道河床有无冲刷、淤积、采沙、行洪障碍等；河道护坡是否完好。

5. 闸门及启闭机

(1) 闸门有无表面涂层剥落，门体有无变形、锈蚀、焊缝开裂或螺栓、铆钉松动；支承行走机构是否运转灵活；止水装置是否完好等。

(2) 启闭机是否运转灵活、制动准确可靠，有无腐蚀和异常声响；钢丝绳有无断丝、磨损、锈蚀、接头松动、变形；零部件有无缺损、裂纹、磨损及螺杆有无弯曲变形；油路是否通畅，油量、油质是否符合规定要求等。

(3) 机电设备、线路是否正常，接头是否牢固，安全保护装置是否可靠，指示仪表是否指示正确，接地是否可靠，绝缘电阻值是否符合规定，备用电源是否完好；自动监控系统是否正常、可靠，精度是否满足要求；启闭机房是否完好等。

6. 库区

(1) 有无爆破、打井、采石（矿）、采沙、取土、修坟、埋设管道（线）等活动。

（2）有无兴建房屋、码头或其他建（构）筑物等违章行为。

（3）有无排放有毒物质或污染物等行为。

（4）有无非法取水的行为。

观测、照明、通信、安全防护、防雷设施及警示标志、防汛道路等是否完好。

（三）检查方法和要求

1.检查方法

（1）常规方法：用眼看、耳听、手摸、鼻嗅、脚踩等直观方法，或辅以锤钎、钢卷尺、放大镜、石蕊试纸等简单工具对工程表面和异常部位进行检查。

（2）特殊方法：采用开挖探坑（槽）探井、钻孔取样、孔内电视、向孔内注水试验、投放化学试剂、潜水员探摸，水下电视、水下摄影、录像等方法，对工程内部、水下部位或坝基进行检查。

2.检查要求

（1）及时发现不正常迹象，分析原因、采取措施，防止事故发生，保证工程安全。

（2）日常巡视检查应由熟悉水库工程情况的管理人员参加，人员应相对稳定，检查时应带好必要的辅助工具、照相设备和记录笔、记录簿等。

（3）年度巡视检查和特别巡视检查，应制定详细的检查计划，并做好如下准备工作：① 安排好水情调度，为检查输水、泄水建筑物或水下检查创造条件；② 做好检查所需电力安排，为检查工作提供必要的动力和照明；③ 排干检查部位的积水，清除堆积物；④ 安装好被检查部位的临时通道，便于检查人员行动；⑤ 采取安全防范措施，确保工程、设备及人身安全；⑥ 准备好工具、设备、车辆或船只及量测、记录、绘草图、照相、录像等器具。

三、变形观测

变形观测项目主要有表面变形观测、裂缝及伸缩缝监测。

(一) 表面变形观测

表面变形观测包括竖向位移观测和水平位移观测。水平位移包括垂直于坝轴线的横向水平位移和平行于坝轴线的纵向水平位移。

1. 基本要求

(1) 表面竖向位移和水平位移观测一般共用一个观测点，竖向和水平位移观测应配合进行。

(2) 观测基点应设置在稳定区域内，每隔 3～5 年校测 1 次；测点应与坝体或岸坡牢固结合；基点和测点应有可靠的保护装置。

(3) 变形观测的正负号规定。① 水平位移：向下游为正，向左岸为正；反之为负。② 竖向位移：向下为正，向上为负。③ 裂缝和伸缩缝三向位移：对开合，张开为正，闭合为负；对沉陷，向下为正，向上为负；对滑移，向坡下为正，向左岸为正，反之为负。

2. 观测断面选择和测点布置

(1) 观测横断面一般不少于 3 个，通常选在最大坝高或原河床处、合龙段、地形突变处、地质条件复杂处、坝内埋管及运行有异常反应处。

(2) 观测纵断面一般不少于 4 个，通常在坝顶的上、下游两侧布设 1～2 个；在上游坝坡正常蓄水位以上可视需要设临时测点；下游坝坡半坝高以上 1～3 个，半坝高以下 1～2 个 (含坡脚 1 个)。对建在软基上的坝，应在下游坝趾外侧增设 1～2 个。

(3) 测点的间距：坝长小于 300m 时，宜取 20～50m；坝长大于 300m 时，宜取 50～100m。

(4) 视准线应旁离障碍物 1.0m 以上。

3. 基点布设

(1) 各种基点均应布设在两岸岩石或坚实土基上，便于起 (引) 测，避免自然和人为影响。

(2) 起测基点可在每一纵排测点两端的岸坡上各布设 1 个，其高程宜与测点高程相近。

(3) 采用视准线法进行横向水平位移观测的工作基点，应在两岸每一纵排测点的延长线上各布设 1 个；当坝轴线为折线或坝长超过 500m 时，可在坝身每一纵排测点中增设工作基点(可用测点代替),工作基点的距离保持在250m左右;当坝长超过1000m时,一般可用三角网法观测增设工作基点的水平位移,有条件的,宜用倒垂线法。

(4)水准基点一般在坝体下游0.5~3.0km处布设2~3个。

(5)采用视准线法观测的校核基点,应在两岸同排工作基点延长线上各设1~2个。

4. 观测设施及安装

(1)测点和基点的结构应坚固可靠,且不易变形。

(2)测点可采用柱式或墩式。兼作竖向位移和横向水平位移观测的测点,其立柱应高出地面0.6~1.0m,立柱顶部应设有强制对中底盘,其对中误差均应小于0.2mm。

(3)在土基上的起测基点,可采用墩式混凝土结构。在岩基上的起测基点,可凿坑就地浇注混凝土。在坚硬基岩埋深5~20m情况下,可采用深埋双金属管作为起测基点。

(4)工作基点和校核基点一般采用整体钢筋混凝土结构,立柱高度以司镜者操作方便为准,但应大于1.2m。立柱顶部强制对中底盘中心,误差应小于0.1mm。

(5)水平位移观测的觇标,可采用觇标杆、觇牌或电光灯标。

(6)测点和土基上基点的底座埋入土层的深度不小于0.5m,并采取防护措施。埋设时,应保持立柱铅直,仪器基座水平。各测点强制对中底盘中心,位于视准线上,其偏差不得大于10mm,底盘倾斜度不得大于4。

5. 观测方法及要求

(1)表面竖向位移观测,一般用水准法。采用水准仪观测时,可参照现行《国家三、四等水准测量规范》(GB/T 12898-2009)相关方法进行,但闭合误差不得超过 $\pm 1.4 \sqrt{N}$ mm(N为测站数)。

(2)横向水平位移观测,一般用视准线法。采用视准线观测时,可用经纬仪或视准线仪。当视准线长度大于500m时,应采用1级经纬仪。视准线的观测方法,可选用活动觇标法,宜在视准线两端各设固定测站,观测其靠近的位移测点的偏离值。

（3）纵向水平位移观测，一般用铟钢尺，也可用普通钢尺加修正系数，其误差不得大于 0.2mm。有条件时，可用光电测距仪测量。

（二）裂缝及伸缩缝监测

坝体表面裂缝的缝宽大于 5mm 的，缝长大于 5m 的，缝深大于 2m 的纵，横向缝及输（泄）水建筑物的裂缝、伸缩缝都应进行监测。观测方法和要求具体如下：

（1）坝体表面裂缝，可采用皮尺、钢尺等简单工具及设置简易测点。对 2m 以内的浅缝，可用坑槽探法检查裂缝深度、宽度及产状等。

（2）坝体表面裂缝的长度和可见深度的测量，应精确到 1cm；裂缝宽度宜采用在缝两边设置简易测点来确定，应精确到 0.2mm；对深层裂缝，宜采用探坑或竖井检查，并测定裂缝走向，应精确到 0.5°。

（3）对输（泄）水建筑物重要位置的裂缝及伸缩缝，可在裂缝两侧的浆砌块石，混凝土表面各埋设 1～2 个金属标志。采用游标卡尺测量金属标志两点间的宽度变化值，精度可量至 0.1mm；采用金属丝或超声波探伤仪测定裂缝深度，精度可量至 1cm。

（4）裂缝发生初期，宜每天观测 1 次；裂缝发展缓慢后，可适当减少测次。当气温和上、下游水位变化较大或裂缝有显著变化时，均应增加测次。

四、渗流观测

渗流观测项目主要有坝体渗流压力、坝基渗流压力、绕坝渗流及渗流量等观测。凡不宜在工程竣工后补设的仪器、设施，均应在工程施工期适时安排。当运用期补设测压管或开挖集渗沟时，应确保渗流安全。

（一）坝体渗流压力观测

坝体渗流压力观测包括观测断面上的压力分布和浸润线位置的确定。

1. 观测横断面的选择与测点布置

（1）观测横断面宜选在最大坝高处，原河床段、合龙段、地形或地质条件复杂的地段，一般不少于 3 个，并尽量与变形观测断面相结合。

（2）根据坝型结构，断面大小和渗流场特征，应设 3～5 条观测铅直线。

位置一般是上游坝肩、下游排水体前缘各 1 条，中间部位至少 1 条。

（3）测点布设：横断面中部每条铅直线上可只设 1 个观测点，高程应在预计最低浸润线以下；渗流进、出口段及浸润线变幅较大处，应根据预计浸润线的最大变幅，沿不同高程布设测点，每条直线上的测点数不少于 2 个。

2. 观测仪器的选用

（1）作用水头小于 20m，渗透系数大于或等于 10^{-4}cm/s 的土中、渗压力变幅小的部位、监视防渗体裂缝等宜采用测压管。

（2）作用水头大于 20m，渗透系数小于 10^{-4}cm/s 的土中、观测不稳定渗流过程及不适宜埋设测压管的部位，宜采用振弦式孔隙水压力计，其量程应与测点实有压力相适应。

3. 观测方法和要求

（1）测压管水位的观测，宜采用电测水位计。有条件的，可采用示数水位计，遥测水位计或自记水位计等。测压管水位两次测读误差应不大于 2cm；电测水位计的测绳长度标记，应每隔 1 ~ 3 个月用钢尺校正 1 次；测压管的管口高程，在施工期和初蓄期应每隔 1 ~ 3 个月校测 1 次，在运行期至少每年校测 1 次。

（2）振弦式孔隙水压力计的压力观测，应采用频率接收仪。两次测读误差应不大于 1Hz，测值物理量用测压管水位来表示。

（二）坝基渗流压力观测

坝基渗流压力观测包括坝基天然岩石层、人工防渗和排水设施等关键部位渗流压力分布情况的观测。

1. 观测横断面的选择与测点布置

（1）观测横断面数一般不少于 3 个，并宜顺流线方向布置或与坝体渗流压力观测断面相重合。

（2）测点布设：每个断面上的测点不少于 3 个。均质透水坝基，渗流出口内侧必设 1 个测点；有铺盖的，应在铺盖末端底部设 1 个测点，其余部位适当插补。层状透水坝基，一般在强透水层的中、下游段和渗流出口附近布置。当岩石坝基有贯穿上、下游的断层，破碎带或软弱带时，应沿其走向在与坝体的接触面截渗墙的上、下游侧或深层所需监视的部位布置。

2. 观测仪器的选用

与坝体渗流压力观测相同。但当接触面处的测点选用测压管时，其透水段和回填反滤料的长度宜小于0.5m。观测方法和要求与坝体渗流压力观测相同。

(三) 绕坝渗流观测

绕坝渗流观测包括两岸坝端及部分山体、坝体与岸坡或与混凝土建筑物接触面，以及防渗齿墙或灌浆帷幕与坝体或两岸接合部等关键部位。

(1) 观测断面的选择与测点布置。① 坝体两端的绕坝观测宜沿流线方向或渗流较集中的透水层 (带) 设2～3个观测断面，每个断面上设3～4条观测铅直线 (含渗流出口)。② 坝体与建筑物接合部的绕坝渗流观测，应在接触轮廓线的控制处设置观测铅直线，沿接触面不同高程布设观测点。③ 岸坡防渗齿槽和灌浆帷幕的上、下游侧各设1个观测点。

(2) 观测仪器的选用及观测方法和要求同坝体渗流压力观测。

(四) 渗流量观测

渗流量观测包括渗漏水的流量及其水质观测。水质观测中包括渗漏水的温度、透明度观测和化学成分分析。

1. 观测系统的布置

(1) 渗流量观测系统应根据坝型和坝基地质条件、渗漏水的出流和汇集条件及所采用的测量方法等分段布置。所有集水和量水设施均应避免客水干扰。

(2) 当下游有渗漏水出逸时，应在下游坝趾附近设导渗沟，在导渗沟出口设置量水设施，测量其出逸流量。

(3) 当透水层深厚、地下水位低于地面时，可在坝下游河床中顺水流方向设两根测压管，间距20～30m，通过观测地下水坡降计算渗流量。

(4) 渗漏水的温度观测以及用于透明度观测和化学分析水样的采集均应在相对固定的渗流出口处进行。

2. 渗流量的测量方法

(1) 当渗流量小于1L/s时，宜采用容积法。

（2）当渗流量在 1～300L/s 时，宜采用量水堰法。

（3）当渗流量大于 300L/s 时，或受落差限制不能设置量水堰时，应将渗漏水引入排水沟中采用测流速法。

3. 观测方法及要求

（1）渗流量及渗水温度、透明度的观测次数与渗流压力观测相同。化学成分分析次数可根据实际需要确定。

（2）量水堰堰口高程及水尺、测针零点应定期校测，每年至少 1 次。

（3）用容积法时，充水时间不少于 10s。两次测量的流量误差不应大于均值的 5%。

（4）用量水堰观测渗流量时，水尺的水位读数应精确到 1mm，测针的水位读数应精确到 0.1mm，堰上水头两次观测值之差不大于 1mm。

（5）流速测量可采用流速仪法。两次流量测值之差不大于均值的 10%。

（6）观测渗流量时，应测记相应渗漏水的温度、透明度和气温。温度应精确到 0.1℃，透明度观测的两次测值之差不大于 1cm。出现浑水时，应测出相应的含沙量。

（7）渗水化学成分分析可按水质分析要求进行，并同时取水库水样做相同项目的对比分析。

五、水文、气象监测

水文、气象监测项目有水位、降水量、气温，以及出、入库流量观测。

（一）水位观测

1. 测点布置要求

（1）库水位观测点应设置在水面平稳、受风浪和泄流影响较小，便于安装设备和观测的地点或永久性建筑物上。

（2）输、泄水建筑物上游水位观测点应在建筑物堰前布设。

（3）下游水位观测点应布置在水流平顺、受泄流影响较小，便于安装设备和观测的地点或与测流断面统一布置。

2. 观测设备

一般设置水尺或自记水位计。有条件时，可设遥测水位计或自动测报水位计。观测设备延伸测读高程应低于库死水位，高于校核洪水位。水尺零点高程每年应校测1次，有变化时应及时校测。水位计每年汛前应检验。

3. 观测要求

每天观测1次，汛期还应根据需要调整观测次数，开闸泄水前后应各增加观测1次。观测精度应达到1cm。

（二）降水量观测

（1）测点布置：视水库集水面积确定，一般每20～50km² 设置1个观测点，或根据洪水预报需要布设。

（2）观测设备：一般采用雨量器。有条件时，可用自记雨量计、遥测雨量计或自动测报雨量计。

（3）观测方法和要求：定时观测以8时为日分界，从本日8时至次日8时的降雨量为本日的日降雨量；分段观测从8时开始，每隔一定时段（如12h、6h、4h、3h、2h或1h）观测1次；遇大暴雨时，应增加测次。观测精度应达到1mm。

（三）气温观测

（1）坝区至少应设置1个气温观测点。

（2）观测设备设在专用的百页箱内，设直读式温度计、最高最低温度计或自记温度计。

（四）出、入库流量观测

（1）测点布置：出库流量应在溢泄道、溢洪闸下游、灌溉涵洞出口处的平直段布设观测点；入库流量应在主要汇水河道的入口处附近设置观测点。

（2）观测设备：一般采用流速仪，有条件的可采用ADCP（超声波）测速仪。

六、监测资料的整编与分析

资料整编包括平时资料整理和定期资料编印，在整编和分析的过程中应注意：

（1）平时资料整理重点是查证原始观测数据的正确性，计算观测物理量，填写观测数据记录表格，点绘观测物理量过程线，考察观测物理量的变化，初步判断是否存在变化异常值。

（2）在平时资料整理的基础上进行观测统计，填制统计表格，绘制各种观测变化的分布相关图表，并编写编印说明书。编印时段，在施工期和初蓄期，一般不超过 1 年。在运行期，每年应对观测资料进行整编与分析。

（3）整编成果应项目齐全，考证清楚，数据可靠，图表完整，规格统一，说明完备。

（4）在整个观测过程中，应及时对各种观测数据进行检验和处理，并结合巡视检查资料进行复核分析。有条件的应利用计算机建立数据库，并采用适当的数学模型，对工程安全生态做出评价。

（5）监测资料整编、分析成果后应建档保存。

第三节　水利工程养护与修理技术

一、工程养护技术

(一) 工程养护技术的基本概念

（1）工程养护应做到及时消除表面的缺陷和局部工程问题，防护可能发生的损坏，保持工程设施的安全、完整、正常使用。

（2）管理单位应编制次年度养护计划，并按规定报主管部门。

（3）养护计划批准下达后，应尽快组织实施。

(二) 大坝养护

（1）坝顶养护应达到坝顶平整，无积水，无杂草，无弃物；防浪墙、坝肩、踏步完整，轮廓鲜明；坝端无裂缝，无坑凹，无堆积物。

（2）坝顶出现坑洼和雨淋沟缺，应及时用相同材料填平补齐，并应保持一定的排水坡度；坝顶路面如有损坏，应及时修复；坝顶的杂草弃物应及时清除。

（3）防浪墙、坝肩和踏步出现局部破损，应及时修补。

（4）坝端出现局部裂缝、坑凹，应及时填补，发现堆积物应及时清除。

（5）坝坡养护应达到坡面平整，无雨淋沟缺，无荆棘杂草滋生；护坡砌块应完好，砌缝紧密，填料密实，无松动、塌陷、脱落、风化、冻毁或架空现象。

（6）干砌块石护坡的养护应符合下列要求：① 及时填补、楔紧脱落或松动的护坡石料；② 及时更换风化或冻损的块石，并嵌砌紧密；③ 块石塌陷、垫层被淘刷时，应先翻出块石，恢复坝体和垫层后，再将块石嵌砌紧密。

（7）混凝土或浆砌块石护坡的养护应符合下列要求：① 清除伸缩缝内杂物、杂草，及时填补流失的填料；② 护坡局部发生侵蚀剥落、裂缝或破碎时，应及时采用水泥砂浆表面抹补、喷浆或填塞处理；③ 排水孔如有不畅，应及时进行疏通或补设。

（8）堆石或碎石护坡石料如有滚动，造成厚薄不均时，应及时进行平整。

（9）草皮护坡的养护应符合下列要求：① 经常修整草皮、清除杂草，洒水养护，保持其完整美观；② 出现雨淋沟缺时，应及时还原坝坡，补植草皮。

（10）对无护坡土坝，如发现凹凸不平，应进行填补整平；如有冲刷沟，应及时修复，并改善排水系统；如遇风浪淘刷，应进行填补，必要时放缓边坡。

（三）排水设施养护

（1）排水，导渗设施应达到无断裂、损坏、阻塞、失效现象，排水畅通。

（2）排水沟（管）内的淤泥杂物及冰塞，应及时清除。

（3）排水沟（管）局部的松动、裂缝和损坏，应及时用水泥砂浆修补。

（4）排水沟（管）的基础如被冲刷破坏，应先恢复基础，后修复排水沟（管）；修复时，应使用与基础同样的土料，恢复至原断面并夯实；排水沟（管）如设有反滤层，应按设计标准恢复。

（5）随时检查修补滤水坝趾或导渗设施周边山坡的截水沟，防止山坡浑水淤塞坝趾导渗排水设施。

（6）减压井应经常进行清理疏通，保持排水畅通；周围如有积水渗入井内，应将积水排干，填平坑洼。

（四）输、泄水建筑物养护

（1）输、泄水建筑物表面应保持清洁完好，及时排除积水、积雪、苔藓、蛏贝、污垢及淤积的沙石、杂物等。

（2）建筑物各部位的排水孔、进水孔、通气孔等均应保持畅通；墙后填土区发生塌坑、沉陷时应及时填补夯实；空箱岸（翼）墙内淤积物应适时清除。

（3）钢筋混凝土构件的表面出现涂料老化，局部损坏、脱落、起皮等，应及时修补或重新封闭。

（4）上、下游的护坡、护底、陡坡、侧墙、消能设施出现局部松动、塌陷、隆起、淘空、垫层散失等，应及时按原状修复。

（5）闸门外观应保持整洁，梁格、臂杆内无积水，及时清除闸门吊耳、门槽、弧形门支铰及结构夹缝处等部位的杂物。钢闸门出现局部锈蚀，涂层脱落时应及时修补；闸门滚轮、弧形门支铵等运转部位的加油设施应保持完好、畅通，并定期加油。

（6）启闭机的养护应符合下列要求：① 防护罩、机体表面应保持清洁、完整；② 机架不得有明显变形、损伤或裂缝，底脚连接应牢固可靠，启闭机连接件应保持紧固；③ 注油设施、油泵、油管系统保持完好，油路畅通，无漏油现象，减速箱、液压油缸内油位保持在上、下限之间，定期过滤或更换，保持油质合格；④ 制动装置应经常维护，适时调整，确保灵活可靠；⑤ 钢丝绳、螺杆有齿部位应经常清洗、抹油，有条件的可设置防尘设施。启闭螺杆如有弯曲，应及时校正；⑥ 闸门开度指示器应定期校验，确保运转灵活、指示准确。

（7）机电设备的养护应符合下列要求：① 电动机的外壳应保持无尘，无污、无锈；接线盒应防潮，压线螺栓紧固；轴承内润滑脂油质合格，并保持填满空腔内 1/2～1/3；② 电动机绕组的绝缘电阻应定期检测，小于 $0.5M\Omega$ 时，应进行干燥处理；③ 操作系统的动力柜、照明柜、操作箱、各种开关、继电保护装置，检修电源箱等应定期清洁，保持干净；所有电气设备外壳均应可靠接地，并定期检测接地电阻值；④ 电气仪表应按规定定期检验，保证指示正确、灵敏；⑤ 输电线路、备用发电机组等输变电设施按有关规定定期养护。

（8）防雷设施的养护应符合下列规定：① 避雷针（线、带）及引下线如锈蚀量超过截面30%时，应予以更换；② 导电部件的焊接点或螺栓接头如脱焊、松动，应予补焊或旋紧；③ 接地装置的接地电阻值应不大于10Ω，超过规定值时应增设接地极；④ 电器设备的防雷设施应按有关规定定期检验；⑤ 防雷设施的构架上，严禁架设低压线、广播线及通信线。

（五）观测设施养护

（1）观测设施应保持完整，无变形、损坏、堵塞。

（2）观测设施的保护装置应保持完好，标志明显，随时清除观测障碍物；观测设施如有损坏，应及时修复，并重新校正。

（3）测压管口应随时加盖上锁。

（4）水位尺损坏时，应及时修复，并重新校正。

（5）量水堰板上的附着物和堰槽内的淤泥或堵塞物应及时清除。

（六）自动监控设施养护

（1）自动监控设施的养护应符合下列要求：① 定期对监控设施的传感器、控制器、指示仪表、保护设备、视频系统、通信系统、计算机及网络系统等进行维护和清洁除尘；② 定期对传感器、接收及输出信号设备进行率定和精度校验。对不符合要求的，应及时检修、校正或更换；③ 定期对保护设备进行灵敏度检查、调整，对云台、雨刮器等转动部分加注润滑油。

（2）自动监控系统软件系统的养护应遵守下列规定：① 制定计算机控制操作规程并严格执行；② 加强对计算机和网络的安全管理，配备必要的防火墙；③ 定期对系统软件和数据库进行备份，技术文档应妥善保管；④ 修改或设置软件前后，均应进行备份，并做好记录；⑤ 未经无病毒确认的软件不得在监控系统上使用。

（3）自动监控系统发生故障或显示警告信息时，应查明原因，及时排除，并详细记录。

（4）自动监控系统及防雷设施等，应按有关规定做好养护工作。

(七) 管理设施养护

(1) 管理范围内的树木、草皮,应及时浇水、施肥、除害、修剪。

(2) 管理办公用房、生活用房应整洁、完好。

(3) 防汛道路及管理区内道路、供排水、通信及照明设施应完好无损。

(4) 工程标牌(包括界桩、界牌、安全警示牌、宣传牌)应完好、醒目、美观。

二、工程修理技术

(一) 工程修理技术的基本概念

(1) 工程修理分为岁修、大修和抢修,其划分界限应符合下列规定:① 岁修。水库运行中所发生的和巡视检查所发现的工程损坏问题,每年进行必要的修理和局部改善;② 大修。发生较大损坏或设备老化、修复工作量大、技术较复杂的工程问题,有计划进行整修或设备更新;③ 抢修。当发生危及工程安全或影响正常运用的各种险情时,应立即进行抢修。

(2) 水库工程修理应积极推广应用新技术、新材料、新设备、新工艺。

(3) 修理工程项目管理应符合下列规定:① 管理单位根据检查和监测结果,编制次年度修理计划,并按规定报主管部门;② 岁修工程应由具有相应技术力量的施工单位承担,并明确项目负责人,建立质量保证体系,严格执行质量标准;③ 大修工程应由具有相应资质的施工单位承担,并按有关规定实行建设管理;④ 岁修工程完成后,由工程审批部门组织或委托验收;大修工程完成后,由工程项目审批部门主持验收;⑤ 凡影响安全度汛的修理工程,应在汛前完成;汛前不能完成的,应采取临时安全度汛措施;⑥ 管理单位不得随意变更批准下达的修理计划。确需调整的,应提出申请,报原审批部门批准。

(4) 工程修理完成后,应及时做好技术资料的整理、归档。

(二) 护坡修理

(1) 砌石护坡修理应符合下列要求:

① 修理前，先清除翻修部位的块石和垫层，并保护好未损坏的砌体。

② 根据护坡损坏的严重程度，可按以下方法进行修理：a. 局部松动、塌陷、隆起、底部淘空、垫层流失时，可采用填补翻筑；b. 局部破坏淘空，导致上部护坡滑动坍塌时，可增设阻滑齿墙；c. 护坡石块较小，不能抗御风浪冲刷的干砌石护坡，可采用细石混凝土灌缝和浆砌或混凝土框格结构；厚度不足、强度不够的干砌石护坡或浆砌石护坡，可在原砌体上部浇筑混凝土盖面，增强抗冲能力。

③ 垫层铺设应符合以下要求：a. 垫层厚度应根据反滤层设计原则确定，一般为 0.15 ~ 0.25m；b. 根据坝坡土料的粒径和性质，按碾压式土石坝设计规范确定垫层的层数及各层的粒径，由小到大逐层均匀铺设。

④ 采用浆砌框格或增建阻滑齿墙时，应符合以下要求：a. 浆砌框格护坡一般采用菱形或正方形，框格用浆砌石或混凝土筑成，宽度一般不小于 0.5m，深度不小于 0.6m；b. 阻滑齿墙应沿坝坡每隔 3 ~ 5m 设置一道，平行坝轴线嵌入坝体；齿墙尺寸，一般宽 0.5m，深 1m（含垫层厚度）；沿齿墙长度方向每隔 3 ~ 5m 应留排水孔。

⑤ 采用细石混凝土灌缝时，应符合以下要求：a. 灌缝前，应清除块石缝隙内的泥沙、杂物，并用水冲洗干净；b. 灌缝时，缝内应灌满捣实，抹平缝口；c. 每隔适当距离，应设置排水孔。

⑥ 采用混凝土盖面修理时，应符合以下要求：a. 护坡表面及缝隙内泥沙、杂物应刷洗干净；b. 混凝土盖面厚度根据风浪大小确定；c. 混凝土强度等级一般不低于 C20；d. 应自下而上浇筑，振捣密实，每隔 3 ~ 5m 纵横均应分缝；e. 原护坡垫层遭破坏时，应补做垫层，修复护坡，再加盖混凝土；f. 修整坡面时，应保持坡面密实平顺；如有坑凹，应采用与坝体相同的材料回填夯实，并与原坝体结合紧密、平顺。

（2）混凝土护坡（包括现浇和预制混凝土）修理应符合下列要求：

① 根据护坡损坏情况，可采用局部填补，翻修加厚、增设阻滑齿墙和更换预制块等方法进行修理。

③ 垫层铺设应符合以下要求：a. 垫层厚度应根据反滤层设计原则确定，一般为 0.15 ~ 0.25m；b. 根据坝坡土料的粒径和性质，按碾压式土石坝设计规范确定垫层的层数及各层的粒径，由小到大逐层均匀铺设。

④采用浆砌框格或增建阻滑齿墙时，应符合以下要求：a.浆砌框格护坡一般采用菱形或正方形，框格用浆砌石或混凝土筑成，宽度一般不小于0.5m，深度不小于0.6m；b.阻滑齿墙应沿坝坡每隔3~5m设置一道，平行坝轴线嵌入坝体；齿墙尺寸，一般宽0.5m，深1m（含垫层厚度）；沿齿墙长度方向每隔3~5m应留排水孔。

⑤采用细石混凝土灌缝时，应符合以下要求：a.灌缝前，应清除块石缝隙内的泥沙、杂物，并用水冲洗干净；b.灌缝时，缝内应灌满捣实，抹平缝口；c.每隔适当距离，应设置排水孔。

⑥采用混凝土盖面修理时，应符合以下要求：a.护坡表面及缝隙内泥沙、杂物应刷洗干净；b.混凝土盖面厚度根据风浪大小确定；c.混凝土强度等级一般不低于C20；d.应自下而上浇筑，振捣密实，每隔3~5m纵横均应分缝；e.原护坡垫层遭破坏时，应补做垫层，修复护坡，再加盖混凝土；f.修整坡面时，应保持坡面密实平顺；如有坑凹，应采用与坝体相同的材料回填夯实，并与原坝体结合紧密平顺。

(2) 混凝土护坡（包括现浇和预制混凝土）修理应符合下列要求。根据护坡损坏情况，可采用局部填补，翻修加厚、增设阻滑齿墙和更换预制块等方法进行修理。

(三) 坝体裂缝修理

(1) 坝体发生裂缝时，应根据裂缝的特征，按以下原则进行修理：

①对表面干缩、冰冻裂缝及深度小于1m的裂缝，可只进行缝口封闭处理。

②对深度不大于3m的沉陷裂缝，待裂缝发展稳定后，可采用开挖回填方法修理。

③对非滑动性质的深层裂缝，可采用充填式黏土灌浆或采用上部开挖回填与下部灌浆相结合的方法处理。

④对土体与建筑物间的接触缝，可采用灌浆处理。

(2) 采用开挖回填方法处理裂缝时，应符合下列要求：

①裂缝的开挖长度应超过裂缝两端1m，深度超过裂缝尽头0.5m；开挖坑槽底部的宽度至少为0.5m，边坡应满足稳定要求，且通常开挖成台阶型，

保证新旧填土紧密结合。

②坑槽开挖应做好安全防护工作；防止坑槽进水、土壤干裂或冻裂；挖出的土料要远离坑口堆放。

③回填的土料应符合坝体土料的设计要求；对沉陷裂缝应选择塑性较大的土料，并控制含水量大于最优含水量的1%~2%。

④回填时应分层夯实，特别注意坑槽边角处的夯实质量，压实厚度为填土厚度的2/3。

⑤对贯穿坝体的横向裂缝，应沿裂缝方向，每隔5m挖"十"字形结合槽一个，开挖的宽度、深度与裂缝开挖的要求一致。

(3) 采用充填式黏土灌浆处理裂缝时，应符合下列要求：

①根据隐患探测和坝体土质钻探资料分析成果做好灌浆设计。

②布孔时，应在较长裂缝两端和转弯处及缝宽突变处布孔；灌浆孔与导渗、观测设施的距离不少于3m。

③灌浆孔深度应超过隐患1~2m。

④造孔应采用干钻、套管跟进的方式按序进行。造孔应保证铅直，偏斜度不大于孔深的2%。

⑤配制浆液的土料应选择失水性快，体积收缩小的中等黏性土料。浆液各项技术指标应按设计要求控制。灌浆过程中，浆液容重和灌浆量每小时测定1次并记录。

⑥灌浆压力应通过试验确定，施灌时应逐步由小到大。灌浆过程中，应维持压力稳定，波动范围不超过5%。

⑦施灌应采用"由外到里、分序灌浆"和"由稀到稠、少灌多复"的方式进行，在设计压力下，灌浆孔段经连续3次复灌不再吸浆时，灌浆即可结束。

⑧封孔应在浆液初凝后（一般为12h）进行。封孔时，先扫孔到底，再分层填入直径2~3cm的干黏土泥球，每层厚度一般为0.5~1.0m，或灌注最优含水量的制浆土料，填灌后均应捣实；也可向孔内灌注浓泥浆。

⑨裂缝灌浆处理后，应进行灌浆质量检查。

⑩雨季及库水位较高时，不宜进行灌浆。

(四) 坝体渗漏修理

(1) 坝体渗漏修理应遵循"上截下排"的原则。上游截渗通常采用抽槽回填，铺设土工膜、坝体劈裂灌浆等方法，有条件时，也可采用混凝土防渗墙方法；下游导渗排水可采用导渗沟，反滤层等方法。

(2) 采用抽槽回填截渗处理渗漏时，应符合下列要求：

① 库水位应降至渗漏通道高程 1m 以下。

② 抽槽范围应超过渗漏通道高程以下 1m 和渗漏通道两侧各 2m，槽底宽度不小于 0.5m，边坡应满足稳定及新旧填土结合的要求，必要时应加支撑，确保施工安全。

③ 回填土料应与坝体土料一致；回填土应分层夯实，每层厚度 10 ~ 15cm，压实厚度为填土厚度的 2/3；回填土夯实后的干容重不低于原坝体设计值。

(3) 采用土工膜截渗时，应符合下列要求：

① 土工膜厚度应根据承受水压大小确定。承受 30m 以下水头的，可选用非加筋聚合物土工膜，铺膜总厚度为 0.3 ~ 0.6mm。

② 土工膜铺设范围，应超过渗漏范围四周各 2 ~ 5m。

③ 土工膜的连接，一般采用焊接，热合宽度不小于 0.1m；采用胶合剂黏接时，黏接宽度不小于 0.15m；黏接可用胶合剂或双面胶布，连接处应均匀、牢固、可靠。

④ 铺设前，应先拆除护坡，挖除表层土 30 ~ 50cm，清除树根杂草，坡面修整平顺、密实，再沿坝坡每隔 5 ~ 10m 挖防滑槽 1 道，槽深 1.0m，底宽 0.5m。

⑤ 土工膜铺设时，应沿坝坡自下而上纵向铺放，周边用 V 形槽埋固好；铺膜时不能拉得太紧，以免受压破坏；施工人员不允许穿带钉鞋进入现场。

⑥ 保护层可采用沙壤土或沙，施工要与土工膜铺设同步进行，厚度不小于 0.5m；施工顺序，应先回填防滑槽，再填坡面，边回填边压实。

(4) 采用劈裂灌浆截渗时，应符合下列要求：

① 根据隐患探测和坝体土质钻探资料分析成果做好灌浆设计。

② 灌浆后形成的防渗泥墙厚度，一般为 5 ~ 20cm。

③ 灌浆孔一般沿坝轴线（或略偏上游）位置单排布孔，填筑质量差，渗漏水严重的坝段，可双排或三排布置；孔距、排距根据灌浆设计确定。

④ 灌浆孔深度应大于隐患深度 2~3m。

⑤ 造孔、浆液配制及灌浆压力同"坝体裂缝修理"要求的内容一致。

⑥ 灌浆应先灌河槽段，后灌岸坡段和弯曲段，采用"孔底注浆、全孔灌注"和"先稀后稠、少灌多复"的方式进行。每孔灌浆次数应在 5 次以上，两次灌浆间隔时间不少于 5 天。当浆液升至孔口，经连续复灌 3 次不再吃浆时，即可终止灌浆。

⑦ 有特殊要求时，浆液中可掺入占干土重的 0.5%~1% 水玻璃或 15% 左右的水泥，最佳用量可通过试验确定。

⑧ 雨季及库水位较高时，不宜进行灌浆。

(5) 采用导渗沟处理渗漏时，应符合下列要求：

① 导渗沟的形状可采用 Y、W、I 等形状，但不允许采用平行于坝轴线的纵向沟。

② 导渗沟的长度以坝坡渗水出逸点至排水设施为准，深度为 0.8~1.0m，宽度为 0.5~0.8m，间距视渗漏情况而定，一般为 3~5m。

③ 沟内按滤层要求回填沙砾石料，填筑顺序按粒径由小到大，由周边到内部，分层填筑成封闭的棱柱体。也可用无纺布包裹砾石或沙卵石料，填成封闭的棱柱体。

④ 导渗沟的顶面应铺砌块石或回填黏土保护层，厚度为 0.2~0.3m。

(6) 采用贴坡式沙石反滤层处理渗漏时，应符合下列要求：

① 铺设范围应超过渗漏部位四周各 1m。

② 铺设前应清除坡面的草皮杂物，清除深度为 0.1~0.2m。

③ 滤料按沙、小石子、大石子、块石的次序由下至上逐层铺设；沙、小石子、大石子各层厚度为 0.15~0.20m，块石保护层厚度为 0.2~0.3m。

④ 经反滤层导出的渗水应引入集水沟或滤水坝趾内排出。

(7) 采用土工织物反滤层导渗处理渗漏时，应符合下列要求：

① 铺设前应清除坡面的草皮杂物，清除深度为 0.1~0.2m。

② 在清理好的坡面上满铺土工织物。铺设时，先沿水平方向每隔 5~10m 做一道 V 形防滑槽加以固定，以防滑动；再满铺一层透水沙砾料，

厚度为 0.4 ~ 0.5m，上压 0.2 ~ 0.3m 厚的块石保护层。铺设时，严禁施工人员穿带钉鞋进入现场。

③ 土工织物连接可采用缝接、搭接或黏接。缝接时，土工织物重压宽度 0.1m，用各种化纤线手工缝合 1 ~ 2 道；搭接时，搭接面宽度 0.5m；黏接时，黏接面宽度 0.1 ~ 0.2m。

④ 导出的渗水应引入集水沟或滤水坝趾内排出。

第四节　水利工程的调度运用技术

一、水库调度运用

(一) 一般规定

（1）水库管理单位应根据经审查批准的流域规划、水库设计、竣工验收及有关协议等文件，制定水库调度运用方案，并按规定报批执行。在汛期，综合利用水库的调度运用应服从防汛指挥部的统一指挥。

（2）水库调度运用工作应包括以下主要内容：① 编制水库防洪和兴利调度运用计划；② 进行短期、中期、长期水文预报；③ 进行水库实时调度运用；④ 编制或修订水库防洪抢险应急预案。

（3）水库调度运用的主要技术指标应包括以下内容：① 校核洪水位，设计洪水位，防洪高水位、汛期限制水位、正常蓄水位、综合利用下限水位、死水位；② 库区土地征用及移民迁安高程；③ 下游河道的安全水位及流量；④ 城市生活及工业、农业用水量。

（4）水库调度运用应采用先进技术和设备，研究优化调度方案，逐步实现自动测报和预报。

(二) 防汛工作

（1）水库防汛工作应贯彻 "以防为主，防重于抢" 的方针，并实行政府行政首长负责制。

（2）每年汛前（6 月 1 日前），管理单位应做好以下主要工作：① 组织汛前检查，做好工程养护；② 制订汛期各项工作制度和工作计划，落实防汛责任制；③ 修订完善水库防洪抢险应急预案，并按规定报批；④ 补充落实防汛抢险物资、器材及机电设备备品备件；⑤ 清除管理范围内的障碍物。

（3）汛期（6月1日至9月30日），管理单位应做好以下主要工作：① 加强防汛值班，确保信息畅通，及时掌握、上报雨情、水情和工情，准确执行上级主管部门的指令；② 加强工程的检查观测，随时掌握工程运行状况，发现问题及时处理；③ 泄洪时，应提前通知下游，并加强对工程和水流情况的巡视检查，安排专人值班；④ 对影响安全运行的险情，应及时组织抢险，并上报主管部门。

（4）汛后（10月1日后），管理单位应做好以下主要工作：① 开展汛后工程检查，做好设备养护工作；② 编制防汛抢险物资、器材及机电设备备品备件补充计划；③ 根据汛后检查发现的问题，编制次年度工程修理计划；④ 完成防汛工作总结，制定次年度工作计划。

（5）当水库遭遇超校核标准洪水或特大险情时，应按防洪预案规定及时向下游报警并报告地方政府，采取紧急抢护及转移群众等措施。

（三）防洪调度

（1）水库防洪调度应遵循下列原则：① 在保证水库安全的前提下，按下游防洪需要，对入库洪水进行调蓄，充分利用洪水资源；② 汛期限制水位以上的防洪库容调度运用，应按各级防汛指挥部门的调度权限，实行分级调度；③ 与下游河道和分、滞洪区联合运用，充分发挥水库的调洪错峰作用。

（2）防洪调度方案应包括以下内容：① 核定（明确）各防洪特征水位；② 制定实时调度运用方式；③ 制定防御超标准洪水的非常措施，绘制垮坝淹没风险图；④ 明确实施水库防洪调度计划的组织措施和调度权限。

（3）水库管理单位应按照批准的防洪调度方案，科学、合理地实施调度。

（4）水库管理单位应根据水情、雨情的变化，及时修正和完善洪水预报方案。

（5）入库洪峰尚未到达时，应提前预降库水位，腾出防洪库容，保证水库安全。

(四) 兴利调度

(1) 水库兴利调度应遵循以下原则：① 满足城乡居民生活用水，兼顾工业、农业、生态等需求，最大限度地综合利用水资源；② 计划用水、节约用水。

(2) 兴利调度计划应包括以下内容：① 当年水库蓄水及来水的预测；② 协调并初定各用水单位对水库供水的要求；③ 拟订水库各时段的水位控制指标；④ 制订年 (季、月) 的具体供水计划。

(3) 实施兴利调度时，应实时调整兴利调度计划，并报主管部门备案。当遭遇特殊干旱年份，应重新调整供水量，报主管部门核准后执行。

(五) 控制运用

(1) 水库管理单位应根据批准的防洪和兴利调度计划或上级主管部门的指令，实施涵闸的控制运用。执行完毕后，应向上级主管部门报告。

(2) 溢洪闸需超标准运用时，应按批准的防洪调度方案执行。

(3) 在汛期，除设计兼有泄洪功能的输水涵洞可用于泄洪外，其他输水涵洞不得进行泄洪运用。

(4) 闸门操作运用应符合下列要求：① 当初始开闸或较大幅度增加流量时，应采取分次开启的方法，使过闸流量与下游水位相适应；② 闸门开启高度应避免处于发生振动的位置；③ 过闸水流应保持平稳，避免发生集中水流、折冲水流、回流、漩涡等不利流态；④ 关闸或减少泄洪流量时，应避免下游河道水位降落过快；⑤ 输水涵洞应避免洞内长时间处于明满流交替状态。

(5) 闸门开启前应做好下列准备工作：① 检查闸门启闭状态有无卡阻；② 检查启闭设备是否符合安全运行要求；③ 检查闸下溢洪道及下游河道有无阻水障碍；④ 及时通知下游。

(6) 闸门操作应遵守下列规定：① 多孔闸门应按设计提供的启闭要求及闸门操作规程进行操作运用，一般应同时分级均匀启闭，不能同时启闭的，开闸时应先中间、后两边，由中间向两边依次对称开启；关闸时应先两边、后中间，由两边向中间依次对称关闭。② 电动、手摇两用启闭机在采用人工启门前，应先断开电源；闭门时禁止松开制动器，使闸门自由下落，操作结束后应立即取下摇柄。③两台启闭机控制一扇闸门的，应保持同步；一台启闭机控制多扇闸门的，闸门开高应保持相同。④操作过程中，如发现闸门有沉重、停滞、卡阻、杂声等异常现象，应立即停止运行，并对其进行检查处理。⑤使用液压启闭机，当闸门开启到预定位置，而压力仍然升高时，应立即控制油压。⑥当闸门开启接近最大开度或关闭接近底槛时，应加强观察并及时停止运行；闸门关闭不严时，应查明原因进行处理；使用螺杆启闭机的，应采用手动关闭。

（7）采用计算机自动监控的水闸，应根据工程的具体情况，制定相应的运行操作和管理规程。

（六）冰冻期间运用

（1）水库管理单位应在每年11月底前，制定冬季养护计划，做好防冻的准备工作，备足所需物资。

（2）冰冻期间应因地制宜地采取有效的防冻措施，防止建筑物及闸门受冰压力损坏和冰块撞击。一般可采取在建筑物及闸门周围凿1m宽的不冻槽，内置软草或柴捆的防冻措施。闸门启闭前，应消除闸门周边和运转部位的冻结。

（3）解冻期间溢洪闸如需泄水，应将闸门提出水面或小开度泄水。

（4）雨雪后应立即清除建筑物表面及其机械设备上的积雪和积水，防止冻坏设备。备用发电机组不使用时，应采取防冻措施。

（七）洪水调度考评

（1）水库管理单位应根据现行《水库洪水调度考评规定》（SL224-1998），在汛后或年末，对水库洪水调度运用工作进行自我评价。

（2）水库洪水调度考评包括基础工作、经常性工作、洪水预报、洪水调度等内容。

二、河道调度运用

河道调度是通过河道内闸（坝）进行调度运用的。

（一）一般规定

（1）水闸管理单位应根据水闸规划设计要求和本地区防汛抗旱调度方案制定水闸控制运用原则或方案，报上级主管部门批准。水闸的控制运用应服从上级防汛指挥机构的调度。

（2）水闸控制运用，应符合下列原则：① 局部服从全局，兴利服从抗灾，统筹兼顾；② 综合利用水资源；③ 按照有关规定和协议合理运用；④ 与上、下游和相邻有关工程密切配合运用。

（3）水闸管理单位应根据规划设计的工程特征值，结合工程现状确定下列有关指标，作为控制运用的依据。① 上、下游最高水位，最低水位；② 最大过闸流量，相应单宽流量及上、下游水位；③ 最大水位差及相应的上、下游水位；④ 上、下游河道的安全水位和流量；⑤ 兴利水位和流量。

（4）需制定控制运用计划的水闸管理单位，应按年度或分阶段制定控制运用计划，报上级主管部门批准后执行。

（5）水闸的控制运用，应按照批准的控制运用原则，用水计划或上级主管部门的指令进行，不得接受其他任何单位和个人的指令。对上级主管部门的指令应详细记录、复核；执行完毕后，应向上级主管部门报告。承担水文测报任务的管理单位还应及时发送水情信息。

（6）当水闸确需超标准运用时，应进行充分的分析论证和复核，提出可行的运用方案，报上级主管部门批准后施行。运用过程中应加强工程观测，发现问题及时处置。

（7）在保证工程安全，不影响工程效益发挥的前提下，可考虑以下要求：① 保持通航河道水位相对稳定和最小通航水深；② 水力发电。

（8）有淤积的水闸，应优化调度水源，扩大冲淤水量，并采取妥善的运用方式防淤减淤。

（9）水闸泄流时，应防止船舶和漂浮物影响闸门启闭或危及闸门，建筑物安全。

（10）通航河道上的水闸，管理单位应及时向有关单位通报有关水情。

(二) 各类水闸的控制运用

(1) 节制闸的控制运用应符合下列要求：① 根据河道来水情况和用水需要，适时调节上、下游水位和下泄流量；② 当出现洪水时，及时泄洪，适时拦蓄尾水。

(2) 分洪闸的控制运用应符合下列要求：① 当接到分洪预备通知后，应立即做好开闸前的准备工作；② 当接到分洪指令后，必须按时开闸分洪；开闸前，鸣笛预警；③ 分洪初期，应严格按照实施细则的有关规定进行操作，并严密监视消能防冲设施的安全；④ 分洪过程中，应做好巡视检查工作，随时向上级主管部门报告工情，水情变化情况，及时执行调整水闸泄量的指令。

(3) 排水闸的控制运用应符合下列要求：① 冬春季节控制适宜于农业生产的闸上水位；多雨季节遇有降雨天气预报时，应适时预降内河水位；汛期应充分利用外河水位回落时机排水。② 双向运用的排水闸，在干旱季节，应根据用水需要，适时引水。③ 蓄、滞洪区的退水闸，应按上级主管部门的指令按时退水。

(4) 引水闸的控制运用应符合下列要求：① 根据需水要求和水源情况，有计划地进行引水；如外河水位上涨，应防止超标准引水。② 水质较差或河道内含沙量较高时，应减少引水流量，直至停止引水。

(5) 挡潮闸的控制运用应符合下列要求：① 排水应在潮位落至与闸上水位相平后开闸，在潮位回涨至接近闸上水位时关闸，防止海水倒灌；② 根据各个季节供水与排水等不同要求，应控制适宜的内河水位，汛期有暴雨预报，应适时预降内河水位；③ 汛期应充分利用泄水冲淤。非汛期有冲淤水源的，宜在大潮期冲淤。

(6) 橡胶坝的控制运用应符合下列要求：① 严禁坝袋超高超压运用，即充水 (充气) 不得超过设计内压力。单向挡水的橡胶坝，严禁双向运用。② 坝顶溢流时，可改变坝高来调节溢流水深，从而避免坝袋发生振动。③ 充水式橡胶坝冬季宜塌坝越冬；若不能塌坝越冬，应在临水面采取防冻破冰措施；冬季冰冻期间，不得随意调节坝袋；冰凌过坝时，对坝袋应采取保护措施。④ 橡胶坝挡水期间，在高温季节为降低坝袋表面温度，可将坝高适当降低，在坝顶上面短时间保持一定的溢流水深。

（三）闸门操作运用

（1）闸门操作运用的基本要求：① 过闸流量应与下游水位相适应，使水跃发生在消力池内；当初始开闸或较大幅度增加流量时，应采取分次开启办法，每次泄放的流量应根据"始流时闸下安全水位—流量关系曲线"确定，并根据"闸门开高—水位—流量关系曲线"确定闸门开高；每次开启后需等闸下水位稳定后才能再次增加开启高度。② 过闸水流应平稳，避免发生集中水流、折冲水流、回流、漩涡等不良流态。③ 关闸或减少过闸流量时，应避免下游河道水位降落过快。④ 应避免闸门开启高度在发生振动的位置。

（2）闸门启闭前应做好下列准备工作：① 检查上、下游管理范围和安全警戒区内有无船只、漂浮物或其他阻水障碍，并进行妥善处理；② 闸门开启泄流前，应及时发出预警，通知下游有关村庄和单位；③ 检查闸门启闭状态，有无卡阻；④ 检查机电等启闭设备是否符合安全运行要求；⑤ 观察上、下游水位、流态，查对流量。

（3）多孔水闸的闸门操作运用应符合下列规定：① 多孔水闸闸门应按设计提供的启闭要求或管理运用经验进行操作运行，一般应同时分级均匀启闭；不能同时启闭的，应由中间向两边依次对称开启，由两边向中间依次对称关闭。② 多孔闸闸下河道淤积严重时，可开启单孔或少数孔闸门进行适度冲淤，但应加强监管，严防消能防冲设施遭受损坏。

参考文献

[1] 闫文涛，张海东. 水利水电工程施工与项目管理 [M]. 长春：吉林科学技术出版社，2020.

[2] 唐涛. 水利水电工程 [M]. 北京：中国建材工业出版社，2020.

[3] 甄亚欧，李红艳，史瑞金. 水利水电工程建设与项目管理 [M]. 哈尔滨：哈尔滨地图出版社，2020.

[4] 袁俊周，郭磊，王春艳. 水利水电工程与管理研究 [M]. 郑州：黄河水利出版社，2019.

[5] 贾志胜，姚洪林. 水利工程建设项目管理 [M]. 长春：吉林科学技术出版社，2020.

[6] 刘志强，季耀波，孟健婷，等. 水利水电建设项目环境保护与水土保持管理 [M]. 昆明：云南大学出版社，2020.

[7] 关晓明，张荣贺，陈三潮. 水利水电工程外观质量评定办法及方案 [M]. 沈阳：辽宁科学技术出版社，2020.

[8] 高明强，曾政，王波. 水利水电工程施工技术研究 [M]. 延吉：延边大学出版社，2019.

[9] 崔永，于峰，张韶辉. 水利水电工程建设施工安全生产管理研究 [M]. 长春：吉林科学技术出版社，2022.

[10] 王东升，苗兴皓. 水利水电工程安全生产管理 [M]. 北京：中国建筑工业出版社，2019.

[11] 高喜永，段玉洁，于勉. 水利工程施工技术与管理 [M]. 长春：吉林科学技术出版社，2019.

[12] 姬志军，邓世顺. 水利工程与施工管理 [M]. 哈尔滨：哈尔滨地图出版社，2019.

[13] 朱卫东，刘晓芳，孙塘根. 水利工程施工与管理 [M]. 武汉：华中科

技大学出版社，2022.

[14] 张晓涛，高国芳，陈道宇 . 水利工程与施工管理应用实践 [M]. 长春：吉林科学技术出版社，2022.

[15] 曹刚，刘应雷，刘斌 . 现代水利工程施工与管理研究 [M]. 长春：吉林科学技术出版社，2021.

[16] 谢文鹏，苗兴皓，姜旭民等 . 水利工程施工新技术 [M]. 北京：中国建材工业出版社，2020.

[17] 刘贞姬，金瑾，龚萍 . 现代水利工程治理研究 [M]. 中国原子能出版社，2019.

[18] 丹建军 . 水利工程水库治理料场优选研究与工程实践 [M]. 郑州：黄河水利出版社，2021.